イラスト
&
図解

知識 ゼロ でも
楽しく読める！

宇宙の
しくみ

高エネルギー加速器研究機構
素粒子原子核研究所 教授
松原隆彦 監修

西東社

はじめに

　宇宙について興味はあるけれど、なんだかむずかしそう。昔、学校で教わったけれど、それ以来触れていない。そんな読者にこそ、本書を手にとっていただきたいと思います。少しページをめくっていただければわかる通り、宇宙に関する話題をひとつずつ見開きページにまとめ、簡潔な文章とイラストを使ってわかりやすく説明してあります。順番に読んでいく必要もなく、興味をもったページからすぐに読めるように工夫してあります。過去にかじったことのある話題だったとしても、最新情報が取り入れてあるので、新しい知識とともに学び直すのにも最適です。

　宇宙についての知識は日々更新されています。昔は考えられなかったような技術も次々と実現されています。民間企業による宇宙開発のニュースもよく聞くようになり、アポロ計

画以来しばらく中断していたほかの星への有人探査などもまた再開されようとしています。また、実際に行くことのできないほど遠くにある天体や、私たちの住んでいる宇宙全体がどういうものなのかを調べる理論研究も、観測技術の進展とともに大きく進んでいます。人工衛星から太陽系、銀河系、そして宇宙全体、そんな宇宙の研究開発の最前線に、読者の皆さまをお連れします。

　宇宙は文字通り果てしなく広く、いろいろなことがわかってきたとはいえ、まだまだわかっていないことだらけです。宇宙を理解したり開拓したりすることは、人類の可能性を大きく広げることになるでしょう。もちろん数々の困難を乗り越える必要もあるでしょう。その先には、どのような未来が待っているのでしょうか。本書を読みながら、普段の生活ではあまり考えることがないかもしれない壮大な世界を楽しんでください。そして、常識を超える宇宙の姿に思いを馳せてもらえれば幸いです。

高エネルギー加速器研究機構
素粒子原子核研究所 教授　松原隆彦

もくじ

2章 太陽系の疑問あれこれ

71 ▼ 154

3章 宇宙にまつわる技術と最新研究 …… 155 ▼ 186

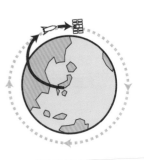

● 本書は特に明記しない限り、2020年9月1日現在の
情報に基づいています。

1章

宇宙に関する

知りたい
あれこれ

夜空には果てなく宇宙が広がっています。
ところで、宇宙ってどんなところなのでしょうか。
宇宙の大きさ、星の一生、超新星…など、
謎の多い宇宙のしくみをのぞいてみましょう。

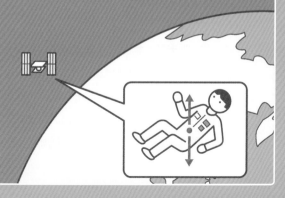

01
[基礎]

宇宙の果ては
どうなっているの？

なるほど! 観測可能な宇宙の果ては**約138億年前**まで。
理論上は**約464億光年先**まで広がる!

　宇宙の果てはどこで、宇宙はどのくらい広いのでしょうか？

　例えば、地球上では地平線より向こう側にある地面や海は見えません。宇宙の場合も同じで、私たちが観測できる宇宙の果てを**「宇宙の地平面」**と呼びます〔**図1**〕。**私たちに見えている宇宙の地平面は約138億年前までの距離**で、それより向こう側の宇宙はどうなっているのか、観測できないのです。

　私たちに見えている星の光は、何年もかけて星から届いた光です。例えば地球から4光年離れた星なら、4年前にその星から出た光を私たちは見ていることになります。この宇宙で一番速いものは光です。宇宙は約138億年前に誕生したと考えられており、光でこの宇宙を観測しようとすると、138億年前までが限界です。ですので、現在の宇宙の地平面は、光が138億年かかって届く距離にあるといえるでしょう。

　さらに、**宇宙は1年間に4光年分ほど広がっています**。約138億年前に放射された光が地球に届くまでの間も、宇宙は広がり続けています。つまり約138億光年先で観測された天体のあった場所は、現在は約464億光年先に遠ざかっているのです。**理論的に存在する宇宙の果ては、約464億光年先の距離**と計算できます〔**図2**〕。

観測できる宇宙の果てを宇宙の地平面と呼ぶ

▶「宇宙の地平面」とは?〔図1〕

地上の地平線と同じく、観測できる宇宙の果てを「宇宙の地平面」と呼ぶ。

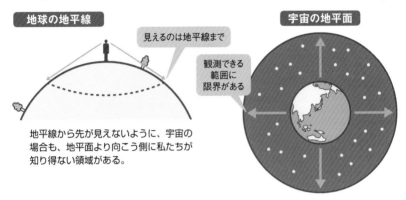

地球の地平線

見えるのは地平線まで

地平線から先が見えないように、宇宙の場合も、地平面より向こう側に私たちが知り得ない領域がある。

宇宙の地平面

観測できる範囲に限界がある

▶ 現在の宇宙の広がりはどのくらい?〔図2〕

宇宙は膨張しているため、宇宙誕生から現在までの約138億年で、宇宙の果ては理論上464億光年先まで広がっている。

138億光年　　地球　　464億光年

1 138億年前の光が地球に届くころには…

約138億年前の電波

この宇宙で観測できる光（電波）でいちばん古いものは、宇宙誕生から37万年後のもの。宇宙の晴れ上がり（➡ P63）で放射された宇宙マイクロ波背景放射という電波が観測されている。

2 宇宙の膨張によって、光を放った天体は464億光年先にあると考えられる。

宇宙に関する知りたいあれこれ **1章**

壮大な宇宙の広がりを見てみよう

▶ 地球と太陽系

一般的には、地上からおよそ100kmより遠くを宇宙と呼ぶ。国際宇宙ステーション（ISS）や人工衛星は、地球のまわりの、私たちに利用可能な宇宙に浮かんでいるといえる。

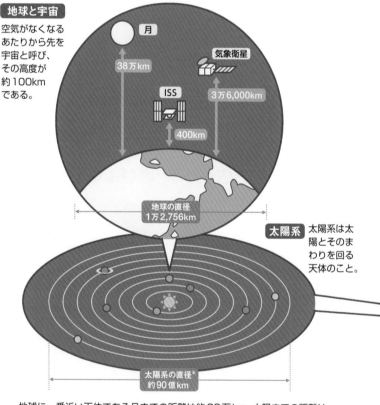

地球と宇宙

空気がなくなるあたりから先を宇宙と呼び、その高度が約100kmである。

月
38万km

気象衛星
3万6,000km

ISS
400km

地球の直径
1万2,756km

太陽系 太陽系は太陽とそのまわりを回る天体のこと。

太陽系の直径*
約90億km

地球に一番近い天体である月までの距離は約38万km、太陽までの距離は約1億5,000万km。その太陽を中心に、惑星や小惑星などの天体が存在する領域が、太陽系と呼ばれている。

＊太陽から海王星までの距離の2倍

▶ 天の川銀河と宇宙

太陽系は、天の川銀河（銀河系ともいう）の一部。天の川銀河は、直径が約10万光年、厚さが約1,000光年ほどある渦巻き型の巨大な天体だ。そこには、太陽のような恒星が約1,000億個、多く見積もると4,000億個も集まっていると考えられている。

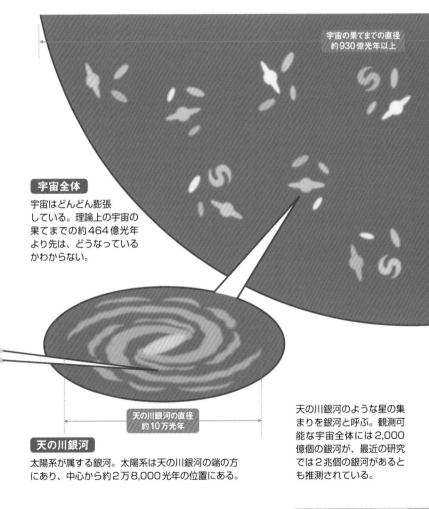

宇宙の果てまでの直径
約930億光年以上

宇宙全体

宇宙はどんどん膨張している。理論上の宇宙の果てまでの約464億光年より先は、どうなっているかわからない。

天の川銀河の直径
約10万光年

天の川銀河

太陽系が属する銀河。太陽系は天の川銀河の端の方にあり、中心から約2万8,000光年の位置にある。

天の川銀河のような星の集まりを銀河と呼ぶ。観測可能な宇宙全体には2,000億個の銀河が、最近の研究では2兆個の銀河があるとも推測されている。

宇宙に関する知りたいあれこれ **1章**

02
[基礎]

惑星? 恒星? 天体には どんな種類がある?

> **なるほど!** 宇宙には、**惑星、衛星、恒星、星団、星雲、銀河**…など、いろいろな種類の天体がある!

　夜空を見上げてみると、私たちはたくさんの天体を見ることができます。肉眼で見ると、明るさや色の違いはわかりますが、それぞれがどのような天体であるかまではわかりません。けれど望遠鏡を使うと、**星はいくつかの種類に分かれる**ことがわかります〔**図1**〕。

　明るく見える星のいくつかは、**「惑星」**です。惑星は太陽のまわりを回っている天体で、**自分では光を出さず、太陽の光を反射して輝いています**。地球も惑星のひとつですが、月という**「衛星」**を従えています。火星、木星、土星などの惑星にも、衛星があります。

　星座を形づくっている星のほとんどは、**太陽のように自分で光を出している「恒星」**です。恒星が数個〜数十万個集まっていることがあり、それは**「星団」**と呼ばれます。

　宇宙空間に漂うガスが、周囲の星の光に照らされ雲のように光っている天体は**「星雲」**と呼ばれます。ガスが背後の星の光をさえぎり、黒く見えるような星雲もあります。

　宇宙には、1,000万〜100兆個の恒星が集まった星の大集団があり、このような天体は**「銀河」**と呼ばれます。太陽系も、天の川銀河と呼ばれる星の大集団の一部です。**「天の川」**は、天の川銀河を内側から見た姿で、無数の星が川のように見えています〔**図2**〕。

望遠鏡を使うと、種類がわかる天体たち

▶ いろいろな天体 〔図1〕

宇宙にはさまざまな天体があり、大きさや形などからいくつかに分類できる。

衛星
惑星のまわりを回る星。光らない。

惑星
恒星のまわりを回る星。光らない。

恒星
自ら光って輝く星。夜空の星のほとんどが恒星。

星団
恒星の集団。互いの重力でまとまっている。

星雲(星間雲)
星間物質(➡P36)が濃く集まった雲のように見える天体。

銀河
多数の恒星、星間物質などが集まった天体。

▶ 天の川のしくみ 〔図2〕

太陽系が属する天の川銀河は、星々が円盤状に広がっている。そのため、内側から中心を見ると星々が川のように帯となって見える。

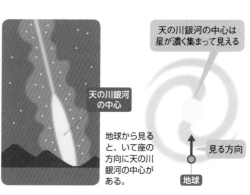

天の川銀河の中心は星が濃く集まって見える

天の川銀河の中心

地球から見ると、いて座の方向に天の川銀河の中心がある。

見る方向

地球

1光年はどれほど遠い？
宇宙を測る単位は？

なるほど！

**宇宙の広さは3つの単位、
天文単位＜光年＜パーセクで表す！**

　宇宙の距離を表すときには、よく「○光年」という言葉が使われますね。**宇宙の距離を表す単位**には、ほかに「天文単位」「パーセク」というものがあります。それぞれ、どういう意味なのでしょうか？

　まずは**「天文単位」**。太陽と地球の距離は約1億4,960万kmで、この**太陽と地球の距離を1天文単位（AU）**と定めています〔**右図**上〕。そして、太陽系の中のような比較的狭い範囲では、この1天文単位を基準に距離を表します。天文単位を使うと、太陽から木星までは約5AU、土星までは約10AU、天王星までは約20AU、海王星までは約30AUとすっきり表すことができます。

　次に**「光年」**です。恒星や銀河までの距離を表すときには、天文単位では数字が大きくなりすぎてしまうので、光年を使います〔**右図**中〕。1光年は**光が1年かかって進む距離**で、約9兆5,000億kmです。太陽からいちばん近い恒星プロキシマ・ケンタウリまでの距離は約4.2光年、北極星までは433光年、アンドロメダ銀河までは230万光年です。

　「パーセク」は地球から見て年周視差〔**右図**下〕が1秒角となる星との距離で、1パーセク＝約3.26光年です。同じ距離を表すのに数字が小さくなって便利なため、おもに天文学者が使う単位です。

1パーセク＝約3.26光年＝約20万6,265AU

▶ 宇宙の広さを表す距離の単位

天文単位（AU） 太陽〜地球間の距離。太陽系の天体間の距離を表すのに用いる。

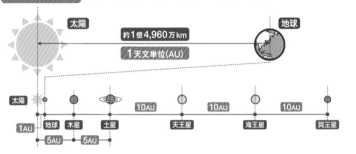

光年 宇宙空間を光が1年間で進む距離。

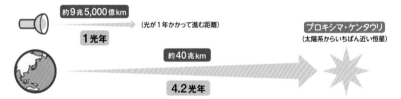

パーセク（pc） 年周視差が1秒角となる距離で、天文単位を基準に求められる。

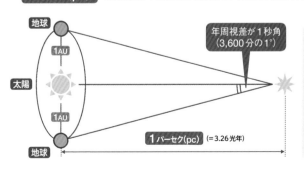

年周視差

地球の公転により、異なる2地点から見た、同じ天体の見える角度の差。年周視差がわかれば、三角測量で天体までの距離がわかる。

04 宇宙空間は「真空」？何がある状態なの？

[基礎]

なるほど！ 宇宙空間は「**真空に近い状態**」。地球の空気に比べて、**物質がごくわずかしかない！**

宇宙は「真空」状態だとよくいわれますね。真空とは「物質が何もない状態」を指す言葉なのですが、「まったく何もない状態」を、理論的には「絶対真空」といいます。宇宙空間はこの「絶対真空」ではなく、**ごくわずかですが原子や分子が存在**しています。どのくらいわずかなのか、地上と比べてみましょう。

地球表面をおおう空気は、窒素や酸素などの分子からできています。地上付近の空気（0℃のとき）1cm³の中には、**約2,700京（2,700万の1兆倍）の分子**が詰まっています。

これに対して、恒星と恒星の間に広がる宇宙空間には、1cm³の中に**分子や原子が1〜数個**しかないといわれています。地上に比べると、ごくまばらにうすく物質が存在している状態です〔**図1**〕。

そのうすく広がる物質は、星間ガスと呼ばれる気体（ガス）と、**固体の微粒子**に分けられます。ガスや微粒子の一部は、長い年月の間に集まって密度が濃くなり、新しい星をつくる材料になります（➡P36）。地球のような惑星も、こうした物質からできました。

宇宙空間には、原子や分子などの物質だけでなく、電波や光、宇宙線と呼ばれる粒子も飛び交っています。このほかに、まだ正体不明のダークマターやダークエネルギーも存在しています〔**図2**〕。

宇宙空間には星間ガスと微粒子などが浮かぶ

▶ 1cm³ の空間に含まれる原子・分子の数 〔図1〕

宇宙空間は、地上に比べて密度が低い。

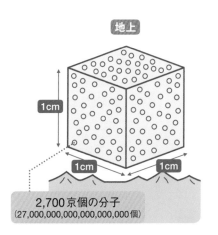

地上

1cm
1cm
1cm

2,700 京個の分子
(27,000,000,000,000,000,000個)

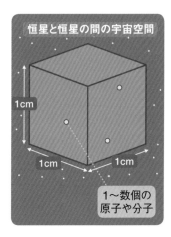

恒星と恒星の間の宇宙空間

1cm
1cm
1cm

1〜数個の
原子や分子

▶ 宇宙空間に飛び交っているもの 〔図2〕

宇宙空間には原子や分子のほか、さまざまなものが飛び交っている。

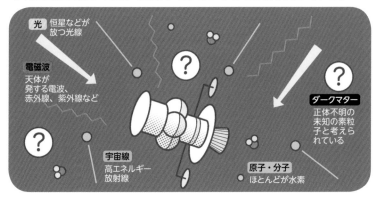

光 恒星などが
放つ光線

電磁波
天体が
発する電波、
赤外線、紫外線など

?

?

?

ダークマター
正体不明の
未知の素粒
子と考えら
れている

宇宙線
高エネルギー
放射線

原子・分子
ほとんどが水素

Q 宇宙空間に生身で出たら、人間の体はどうなってしまう？

| 破裂する | or | 干からびる | or | 意外とそのまま |

宇宙空間には空気がなく、ほとんど真空のため、人間が宇宙空間に出るときは宇宙服を着ていきます。もし、この宇宙服なしで宇宙空間に生身で出てしまった場合、人間の体はどうなってしまうのでしょうか？

一般的に、地上から100km以上のところを宇宙空間と呼びます。まず、ここには空気がほとんどないので、**人間が生身で放り出されたら間違いなく数分で窒息して死ぬ**でしょう。

とっさに息を止めた場合は、宇宙空間の気圧はゼロに近いため、肺の内部の空気が膨張して、肺を損傷してしまいます。もし、息を

吐き出して空気を逃がせば一時的に肺は助かり、体の循環器系も血圧を一定に保つはずです。とはいえ、いずれは血液の流れや脳への酸素の供給は止まり、数分後には死んでしまいます。

　空気の問題なら、**ダイビングに使うような酸素ボンベをつけていたら大丈夫では？**　と思うかもしれませんが、そうはいきません。水は、地球の平地では100℃で沸騰しますが、高い山など気圧が低いところへ行くと、沸騰する温度が低くなります。気圧がゼロに近い宇宙空間では、**涙や唾液など、体表近くに含まれる水分は体温よりも低い温度で沸騰**します。

　水分が沸騰すると体積が1,000倍以上に増えるため、体もそれにつれてふくらみます。ただし、密閉とはいえないまでも、体は皮膚におおわれ、血管は閉じているため、体全体はすぐに破裂するほどにはふくらみません。

　涙や唾液は沸騰し、間もなく血管内でも水蒸気が噴き出して血流が止まるでしょう。その結果、脳にも酸素が送られなくなって意識が失われ、窒息や脳機能の停止などにより、おそらく数分のうちに死んでしまうでしょう。死後の遺体は体内の水分が沸騰してできた水蒸気によりふくらんだ後、それが完全に抜け出て干からびます。ですので、正解は「干からびる」です。

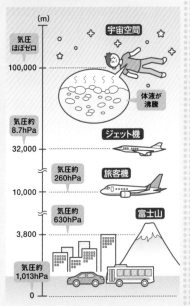

高度と気圧

宇宙空間は気圧がほとんどゼロなので、水は低い温度で沸騰する。そのため、体内の水分も沸騰してしまう。

(m)

気圧ほぼゼロ
100,000　　宇宙空間
　　　　　　体液が沸騰

気圧約8.7hPa
32,000　　ジェット機

気圧約260hPa
10,000　　旅客機

気圧約630hPa
3,800　　富士山

気圧約1,013hPa
0

宇宙に関する知りたいあれこれ **1章**

05
[基礎]

太陽があるのに なぜ宇宙は暗いの？

 なるほど！ 宇宙空間には粒が少ないため、 光が反射せず、まわりを照らさないから！

　国際宇宙ステーション（ISS）から撮影した映像を見ると、太陽が出ていても宇宙空間は真っ暗です。地上では、太陽が出ている昼間は明るいのに、宇宙空間はなぜ真っ暗なのでしょうか？

　私たちが暮らす地上の様子から考えてみましょう。私たちに「物が見える」ということは、**物に光があたり、その光が反射して目に届くから**です〔**右図**上〕。

　地上には空気があり、空気中には細かいちりや水、気体の粒などがたくさん浮いています。**太陽の光は、これらの粒にあたってさまざまな方向に反射して散らばります**。その光が海や地面にあたって反射し、さらにさまざまな方向に散らばります。それらの光が周囲を照らすので、昼間の地上は明るく見えるのです。

　宇宙空間はどうかというと、ISSがある高度約400kmあたりより先では、空気もちりも非常に少なく、真空に近い状態になっています。太陽の光が届いても、**あたって散らばらせてくれるちりや気体の粒がない**のです。

　そのため、光が素通りしてしまい、周囲を照らし出さないので、私たちの目に光が入ってきません〔**右図**下〕。だから、宇宙空間は真っ暗に見えるのです。

地上では大気内の粒が太陽光を反射

▶ 地上が明るく、宇宙が暗いわけ

太陽の光は、空気中に浮いている細かいちりや水、気体の粒などにあたって反射して、散らばるので、地上は明るい。

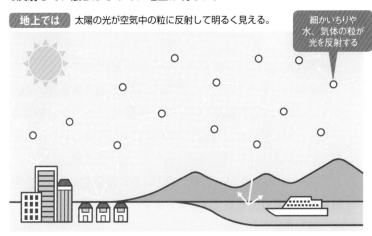

地上では 太陽の光が空気中の粒に反射して明るく見える。

細かいちりや水、気体の粒が光を反射する

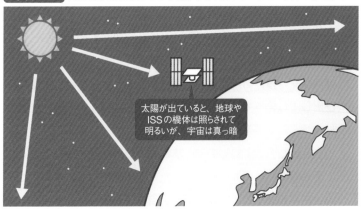

宇宙では 太陽の光を跳ね返すちりや気体などの粒がないので、宇宙は暗く見える。

太陽が出ていると、地球やISSの機体は照らされて明るいが、宇宙は真っ暗

宇宙に関する知りたいあれこれ **1章**

06 [基礎] 星同士が引っ張り合う？「引力」ってどんな力？

なるほど！ 引力とは、星と星とが**引き合う力**。
もしこれがなければ、**星が生まれなかった**！

　宇宙において、「引力」とはどのような意味をもつのでしょうか？

　質量をもつすべての物体の間には、**互いに引き合う力**がはたらきます。この力を**万有引力**といいます〔**図1**〕。イギリスの物理学者・ニュートンが発見し、「万有引力の法則」としてまとめたことで知られています。

　万有引力（引力）は、地球と月のように**質量の大きいもの同士では非常に大きな力としてはたらきます**。この力により、地球と月は引っ張り合いながら回り合っているのです。地球や火星、木星などの惑星が太陽のまわりを回り続けているのも、それぞれの惑星と太陽の間にはたらく引力のためです。

　もしも突然、星々の間に引力がはたらかなくなったらどうなるでしょうか。地球と太陽との間にはたらく引力がなくなったら、**地球はハンマー投げのハンマーのように太陽の手を離れ、太陽系から飛び出してしまう**でしょう。ほかの惑星も同様です。それだけではありません。太陽系がある天の川銀河も、恒星や星雲などが互いに引力を及ぼし合っているので、まとまった形をなしているのです。

　そもそも物体の間に引力がはたらきがなければ、水素などの物質同士が集まることがないので、**星自体が誕生しなかった**でしょう。

すべての物体は互いに引っ張り合う

▶ 万有引力の法則とは? 〔図1〕

万有引力の法則では、以下の2つがなりたつ。

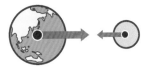

1 重いほど引力が強い

2つの物体の質量が大きいほど、はたらく引力は大きくなる。

2 離れるほど弱くなる

物体が離れると互いにはたらく引力は弱くなる。

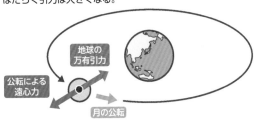

月は、地球の万有引力に引かれながら回っている。地球に引き寄せられないのは、月の公転による遠心力があるため。

地球の万有引力

公転による遠心力

月の公転

▶ 地球で体重60kgの人が月に行くと… 〔図2〕

月は地球に比べて質量が小さいので、万有引力のはたらきも小さい。そのため、月に行くと体重が地球の約6分の1になる。

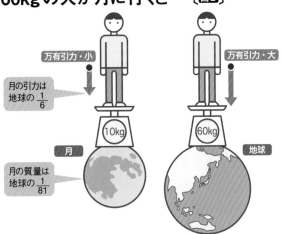

万有引力・小

月の引力は地球の $\frac{1}{6}$

10kg

月

月の質量は地球の $\frac{1}{81}$

万有引力・大

60kg

地球

宇宙に関する知りたいあれこれ **1章**

Q 重力の小さな天体で ジャンプするとどうなる？

| 着地で地面に めりこむ | or | 普通に 着地する | or | 宇宙に 飛んでいく |

地球の上でジャンプすれば、すぐに地面に着地します。これは、地球の重力がはたらいているからです。それでは、地球の1万4,000分の1ぐらい＝直径約900mの小さな天体でジャンプすると、果たして人はどうなるのでしょうか？

太陽のまわりを回っているのは、地球や火星、木星のような質量の大きな惑星だけではありません。**小惑星と呼ばれる、直径が数mから大きくても数百kmという小さな天体も見つかっています。**そのような小惑星でジャンプすると、どうなるのでしょうか？

日本の探査機「はやぶさ2」が訪れた、**直径約900m（地球の約**

1万4,000分の1）の「リュウグウ」を例に考えてみましょう。

　リュウグウは、地球に比べたら質量がとてつもなく小さいので、重力も非常に小さいものとなります。天体の重力を振り切る速度を**脱出速度**といいますが、リュウグウの脱出速度は秒速約37cm、地球上で50cm垂直ジャンプする際の初速は秒速約3mですので、軽くこの速度は超えられます。

　そのため、もしもこのリュウグウに宇宙服を着て降り立ち、地表で思い切りジャンプしたとしたら、そのまま宇宙空間に飛び出し2度と戻ってこられなくなるでしょう。

　ところで、どのくらいまでのサイズの小惑星だと人間がジャンプしたときに宇宙に飛び出してしまうのでしょうか。直径6kmの小惑星ファエトンの質量が200兆（2.0×10^{14}）kgであった場合、脱出速度は秒速約3mと計算できます。これぐらいのサイズの小惑星に降り立った場合、ジャンプすることは控えたほうがよさそうですね。

小惑星の表面で思い切りジャンプしたら……

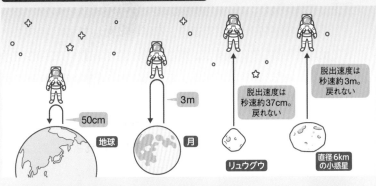

ちなみに小惑星でジャンプし、宇宙に飛び出しても、**太陽の重力からは逃れられず、太陽のまわりを回り続ける**ことになります。

　　宇宙に関する知りたいあれこれ **1**章

宇宙は無重力？
無重力ってどんな状態？

なる
ほど！

宇宙空間は、「**無重力**」ではない。
ふわふわ浮くのは「**無重量状態**」という！

国際宇宙ステーション（ISS）船内でふわふわ浮かぶ宇宙飛行士。宇宙は無重力だといわれますが、どのような状態なのでしょうか？

宇宙空間は無重力かというと、そうとはいえません。近くにある天体、太陽系なら地球、月、太陽などの**重力（引力）の影響を受けている**からです（⇒P24）。重力はどこまで遠く離れてもゼロにはならず、太陽系の端にある天体でも太陽の重力からは逃げられません。ですので、**宇宙空間は「無重力」ではない**のです〔**図1**〕。

それにも関わらず、ISSの船内が無重力に見えるのは、ISSが**落下しながら飛ぶことにより地球の重力を打ち消している**からです。

ISSは秒速約7.7km（時速約2万8,000km）という猛スピードで地球を周回していますが、実は地球の重力に引かれて落ち続けています。ただ、地球は球形をしているので、**ISSは前に進みながら地球の外周に沿って落ちている**のです〔**図2**〕。

物体は、地球の重力に引かれて自然に落下（**自由落下**）するとき、落下する物体の重さが失われるので、体も軽くなるように感じます〔**図2**〕。ISSは猛スピードで飛びながら落下し続けているので重力が打ち消され、中に乗っている宇宙飛行士や手放した物などもふわふわと浮くことになるのです。これを**「無重量状態」**と呼びます。

「無重力」ではなく「無重量」と呼ぶ

▶宇宙は無重力ではない〔図1〕

宇宙空間の天体は互いに引力で引っ張り合っているので無重力ではない。

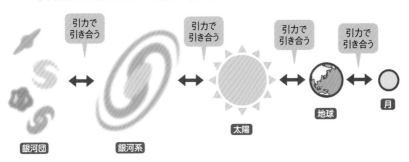

引力で引き合う　引力で引き合う　引力で引き合う　引力で引き合う

銀河団　銀河系　太陽　地球　月

▶ISSは落下しながら飛んでいる〔図2〕

ISSには、地球からの重力と、水平方向に進むISSの慣性力（質量をもつ物体に慣性がはたらくことで現れる見かけの力）とがはたらく。

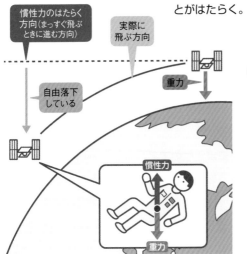

慣性力のはたらく方向（まっすぐ飛ぶときに進む方向）

実際に飛ぶ方向

自由落下している

重力

慣性力

重力

重力

慣性力

重力

無重量状態は、エレベーターが降りるとき体が軽くなるのと同じ原理。ISSでは下向きの重力と上向きの慣性力がつり合い、無重量状態となる。

08 なぜ星は、明るさや色が違って見えるの？

[基礎]

なるほど！ 明るさは、**距離など**で見え方が変わる。
色は、**星の温度**によって変わる！

夜空を見上げると、星々の明るさや色は微妙に違って見えます。これらは、どういった理由からなのでしょうか？

夜空に見える星は、**明るさによっていくつかの「等級」に分けられます**〔**図1**上〕。古代に肉眼でやっと見える暗い星を6等星、特に明るい星を1等星と星の明るさを分類したのが等級のはじまりです。このように星を肉眼で見たときの「見かけの明るさ」を示す基準を**「実視等級」**といいます。

一方、星までの距離によっても明るさは変わります（➡P32）。そこで、どの星も同じ距離に置いたとき、どのくらいの明るさになるのか、「星の真の明るさ」を示す基準は**「絶対等級」**と呼びます。見た目は全天一明るいシリウスですが、絶対等級で比べるとずっと遠くにあるデネブの方がはるかに明るいのです〔**図1**下〕。

また、星の色には青白い星、黄色い星、赤い星などがありますが、**色の違いは表面の温度によるものです**。鉄板を熱していくと赤くなるように、モノを熱してある一定の温度を超えると光が出るようになります。このことは恒星にもあてはまり、表面の温度が上がるにつれて、**赤色→黄色→白色→青白色**と光の色が変わっていきます。赤い星は表面温度が低く、青白い星は表面温度が高いのです〔**図2**〕。

赤→黄→白→青白の順で温度が高くなる

▶ 星の明るさの表し方〔図1〕

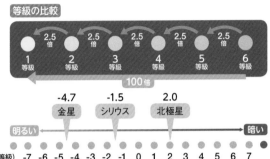

等級の比較

| 1等級 | 2.5倍 | 2等級 | 2.5倍 | 3等級 | 2.5倍 | 4等級 | 2.5倍 | 5等級 | 2.5倍 | 6等級 |

100倍

-4.7 金星　-1.5 シリウス　2.0 北極星

明るい ←→ 暗い

(等級) -7 -6 -5 -4 -3 -2 -1 0 1 2 3 4 5 6 7

等級とは?

星の明るさを示す単位で、当初は6段階で分類したが、現在では等級の定義は細かくなり、1等より明るい星は0等、−1等とするなど、尺度が拡張された。

絶対等級とは?

すべての星を地球から同じ距離（10パーセク）に配置したとき、何等級になるのかを調べたもの。同じ明るさ（絶対等級）の星でも、近くにあれば明るく見え、遠くにあれば暗く見える。

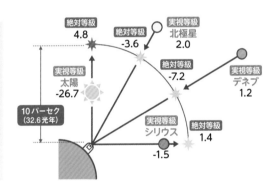

絶対等級 4.8

絶対等級 -3.6

実視等級 北極星 2.0

絶対等級 -7.2

実視等級 デネブ 1.2

実視等級 太陽 -26.7

10パーセク (32.6光年)

実視等級 シリウス -1.5

絶対等級 1.4

▶ 星の色と表面温度〔図2〕

星の表面温度は、赤→オレンジ→黄→白→青白→青と色が変わるにつれて高い。

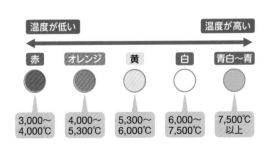

温度が低い ←→ 温度が高い

赤	オレンジ	黄	白	青白〜青
3,000〜4,000℃	4,000〜5,300℃	5,300〜6,000℃	6,000〜7,500℃	7,500℃以上

宇宙に関する知りたいあれこれ **1章**

09 [基礎] 星までの距離は どうやって測っている?

なるほど! 近い星なら**年周視差**から測り、
遠い星なら**星の明るさ**で距離を測る!

　実際に訪れることのできない、はるか遠くの星々。そこまでの距離はどうやって測っているのでしょうか?

　近くの星までの距離は、**三角測量の原理**を使って測ることができます〔**右図**上〕。木の高さを測るとき、木までの距離と木を見上げるときの角度がわかれば、木の高さを計算できます。この原理を使って**地球〜太陽間の距離と年周視差**（➡P17）を測ることで、星までの距離がわかります。比較的近くの1,000から1万光年先くらいまでの星は、この方法で距離を測ることができます。

　遠くの星までの距離は、**星の色**から距離を測定します〔**右図**下〕。星の色がくわしくわかると、その星の**絶対等級**がわかります。絶対等級は、その星の本当の明るさを示しています（➡P30）。同じ絶対等級の星でも、近くに置けば星は明るく見えて、遠くに置けば星は暗く見えるのです。このことを利用して、星までの距離を推定しているのです。

　さらに遠くの銀河までの距離は、**Ⅰa型と呼ばれる超新星**（➡P40）の明るさから求めます。Ⅰa型超新星は最も明るくなるときの絶対等級が、どの銀河でもほぼ同じなので、その見かけの明るさと絶対等級の差から、銀河までの距離がわかります。

遠い星までの距離は星の明るさで測る

▶ 距離によって計測法は変わる

近い距離を測るとき

1,000～1万光年先くらいまでの近い星までの距離は、三角測量の原理を使って計算できる。

距離の測り方

辺BCの距離と角Aの値を用いて辺ABの距離を求める。

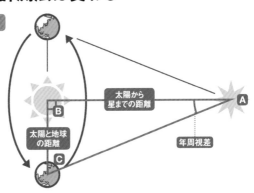

太陽から星までの距離

A

年周視差

太陽と地球の距離

太陽と地球の距離

B

C

遠い距離を測るとき

別の銀河など遠くの天体は、本当の明るさ（絶対等級）と見かけの明るさの差から、距離が計算できる。

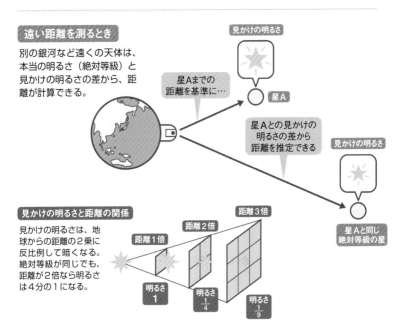

見かけの明るさ

星Aまでの距離を基準に…

星A

星Aとの見かけの明るさの差から距離を推定できる

見かけの明るさ

星Aと同じ絶対等級の星

見かけの明るさと距離の関係

見かけの明るさは、地球からの距離の2乗に反比例して暗くなる。絶対等級が同じでも、距離が2倍なら明るさは4分の1になる。

距離1倍

距離2倍

距離3倍

明るさ 1

明るさ $\frac{1}{4}$

明るさ $\frac{1}{9}$

宇宙に関する知りたいあれこれ **1章**

星座を形づくる星々は
どのくらい遠くにある？

なるほど！ 地球から星座の星々までの距離は**バラバラ**。
肉眼で見える星は**遠くても2,200光年程度**！

　夜空の星々をつなぐと、いくつもの星座ができあがります。これらの星座は、実際はどのくらい遠くにあるのでしょうか？

　星座をつくる星々は、それぞれ地球から一定の距離にあるように見えますが、実際には**バラバラな距離**にあります〔**図1**〕。例えばオリオン座だと、一番明るいリゲルは863光年、ベテルギウスは498光年、真ん中に並ぶ3つ星は左から736光年、1,977光年、692光年…といった具合です。

　おもな星座のおもな星がどのくらいの距離にあるかというと、太陽から最も近い恒星ケンタウルス座のプロキシマ・ケンタウリは4.2光年、全天で最も明るいおおいぬ座のシリウスは8.6光年、わし座のアルタイル（七夕のひこ星）は17光年、こと座のベガ（七夕のおりひめ星）は25光年です。遠いところでは、はくちょう座のデネブまでは1,412光年です。

　夜空で**目に見える天体のほとんどは、天の川銀河にある恒星**です。肉眼で見える最も遠い恒星は2,200光年ほどの距離だといわれています。南半球であれば遠い銀河まで見ることができ、16万光年の距離にある大マゼラン雲、20万光年の距離にある小マゼラン雲など、**天の川銀河の外にある銀河**も見ることができます。

夜空の星座は見かけ上の形にすぎない

▶ 星座の見え方〔図1〕

星座は地球から見た見かけ上の形で、夜空の星座は、大きな丸い天井（天球）に張り付いたように見える。

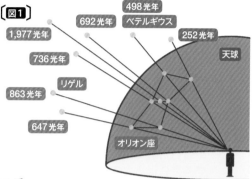

1,977光年
692光年
498光年
ベテルギウス
252光年
736光年
天球
863光年
リゲル
647光年
オリオン座

▶ 星座をつくっている 天体までの距離〔図2〕

星座をつくっている天体のほとんどは、天の川銀河の中の恒星で、肉眼で見えるものは遠くても2,200光年程度の距離にある。

アンドロメダ銀河
230万光年

大マゼラン雲
16万光年

小マゼラン雲
20万光年

天の川銀河の中

こと座
ベガ
25光年

わし座
アルタイル
17光年

おおいぬ座
シリウス
8.6光年

オリオン座
リゲル
863光年

ケンタウルス座
プロキシマ・ケンタウリ
4.2光年

はくちょう座
デネブ
1,412光年

宇宙に関する知りたいあれこれ **1章**

11
[星]

宇宙の星は
どうやって生まれる？

なるほど！ 宇宙空間の**ガスやちりが**、
重力によって徐々に収縮して星の原形に！

　星は、どのようにして生まれるのでしょうか？　ここでは、恒星や惑星（➡P14）の誕生を見てみましょう。

　宇宙空間には、さまざまな種類の原子や分子がガスやちりとしてうすく漂っています。これらは**星間雲（星間ガス、星間物質）**と呼ばれます。星間雲のガスやちりの一部は互いに引き合って集まり、**星間分子雲**と呼ばれる星の材料になります。

　星間分子雲は、時間が経つうちに重力によって収縮して温度が高くなり、中心に密度の濃い部分（分子雲コア）ができます。コアのまわりには渦を巻くガスやちりの円盤が形づくられ、やがて中心に、星の赤ちゃんである**原始星**ができます。

　原始星はさらに収縮して温度がより高くなり、**中心部で核融合反応**が起こりはじめます。核融合反応は、星の大部分をつくっている水素がヘリウムに変わるときに、莫大なエネルギーを出すものです（➡P81）。そのエネルギーによって、星は光や熱を出しています。このようにして、自身で発光する恒星が誕生するのです。

　原始星を取り巻いていた円盤の中のガスやちりが、**くっつき合ってしだいに大きくなり、惑星になります。**惑星である地球も、こうしたプロセスを経て46億年前に誕生したと考えられています。

ガスやちりの雲の中で 恒星は誕生する

▶ 星間雲から恒星が誕生するまで

1 星間分子雲

宇宙空間のガスやちりが集まってできた雲状の星の材料。

> 大部分は
> 水素分子で存在する。
> 温度は-260℃前後

収縮

2 分子雲コア

星間雲のうち、雲の密度が濃い部分。自らの重力で徐々に収縮していく。

> コアの密度が
> ある一定まで達すると収縮は
> 止まる。まだ光らない

> 星間分子雲と変わらず、
> 大部分は水素分子

半径
10,000AU

3 原始星

赤ちゃん星と呼ばれる、重力による収縮が止まり星が誕生した状態。

> 生まれたての星は
> 重力エネルギーによる
> 温度上昇によって輝く

半径
1,000AU

> 上下に双極分子流と
> 呼ばれるガスを噴き出す

4 原始星進化(Tタウリ型星)

原始星が進化し、まわりのガスが円盤状に広がる。

半径
100AU

> 星は円盤状の
> 濃いガスやちりに
> おおわれる

5 恒星と惑星(主系列星)

原始星で水素の核融合反応が起こり、恒星に。まわりのガスやちりが集まって惑星になる。

> 周囲のガスとちりが
> 惑星の材料となる

宇宙に関する知りたいあれこれ **1章**

12
[星]

いまある星々は、どんな
最後をむかえるのか?

なるほど! 星の質量によって異なるが、**内部が縮み、ブラックホール**になったりする!

　生まれたばかりの星（恒星）では、4個の水素原子から1個のヘリウム原子ができる**核融合反応**が起こっています（➡P81）。星が誕生してから長い時間が経つと、**中心部には核融合反応でつくられたヘリウムがたまっていきます**。そのうちに内部の圧力が弱くなり、重力によってつぶれていきます。それにつれて**中心部の温度は上昇**し、そこで発生する熱を外へ逃がすため、**星全体が大きくふくらみます**。ふくらんだ外層は、温度が下がるので赤くなって、**「赤色巨星」**という大きな星になります。

　その一方で、星の内部では温度がさらに上がり、水素からヘリウムができるのとは別の核融合反応が起こります。この反応では、ヘリウムから炭素や酸素などの重い元素が次々につくられます。こうした反応により、**星の中心部はその重さで縮んでいきます**。

　ここから先は、星の質量によって違ってきます。太陽くらいの軽い星は、やがて反応が進まなくなり、外層をつなぎ止められなくなります。そして、中心部は**白色矮星**という、小さい星になります。

　質量が太陽の8倍より大きな星の場合は、中心部の温度が上がり続け、最後に星全体を吹き飛ばすような**超新星爆発**を起こします。そしてその中心部には、**中性子星**や**ブラックホール**が残るのです。

核融合反応が終了後、重い星は飛び散る

▶ 恒星が死ぬまで

星の寿命は質量によって決まり、軽い星は数十億年から数百億年、非常に重い星は数百万年から1,000万年の寿命といわれる。

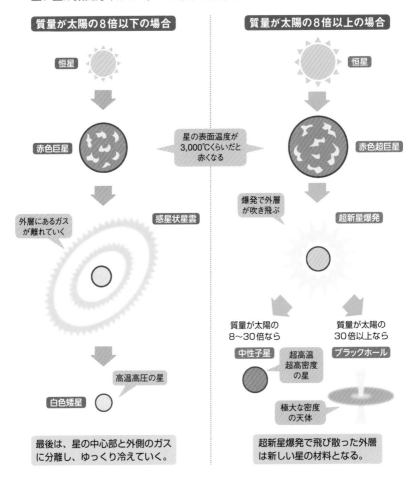

質量が太陽の8倍以下の場合

恒星

赤色巨星

星の表面温度が3,000℃くらいだと赤くなる

外層にあるガスが離れていく

惑星状星雲

高温高圧の星

白色矮星

最後は、星の中心部と外側のガスに分離し、ゆっくり冷えていく。

質量が太陽の8倍以上の場合

恒星

赤色超巨星

爆発で外層が吹き飛ぶ

超新星爆発

質量が太陽の8〜30倍なら

中性子星

超高温超高密度の星

質量が太陽の30倍以上なら

ブラックホール

極大な密度の天体

超新星爆発で飛び散った外層は新しい星の材料となる。

「超新星」って何?
爆発するものなの?

なるほど! 星が縮んで**限界まで重く**なったときに、その**反動で爆発**する現象のこと!

「超新星」とは、いったいどういうものなのでしょうか?

「超新星」は星の名前ではなく、現象を表します。恒星が星全体を吹き飛ばすような大爆発を起こすことで、**「超新星爆発」**とも呼ばれます。新しい星が出現したかのように明るく輝くので、超新星と呼ぶのです。肉眼で見えた超新星は、**過去2,000年の間に8回**ほど〔**図1**〕。1054年におうし座に出現した超新星は、23日間にわたって昼間でも見えるほど明るく輝いたといわれます。この超新星の残骸は「かに星雲」という天体として、現在も観測できます。超新星には、**おもに2つのタイプ**があります。

ひとつは**Ⅰa型超新星**と呼ばれるもの〔**図2**上〕。白色矮星（はくしょくわいせい）の近くに赤色巨星があるとき、赤色巨星の表面のガスが、重力の強い白色矮星に吸いこまれ、**大きく重くなった白色矮星が大爆発するもの**。

もうひとつは**Ⅱ型超新星**です〔**図2**下〕。質量が太陽の8倍以上ある重い星が核融合の燃料となる物質を使い果たすと、中心部に鉄の核をつくります。その鉄の核が重力的に不安定になって重力崩壊を起こして**急激に星がつぶれ、その反動で爆発する現象**です。2つのタイプの超新星爆発によって、さまざまな元素が宇宙に吹き飛ばされ、後に生まれる恒星や惑星の材料になるのです。

2つのタイプの超新星がある

▶ 肉眼で見えた おもな超新星〔図1〕

肉眼で見える超新星は、数百年に一度の割合で現れてきた。最大光度とは、いちばん明るくなったときの明るさの等級で、マイナスになるほど明るい。

西暦	星座・天体	最大光度
185年	ケンタウルス座	?
393年	さそり座	?
1006年	おおかみ座	-8
1054年	おうし座	-6
1181年	カシオペヤ座	0
1572年	カシオペヤ座	-4
1604年	へびつかい座	-3
1987年	大マゼラン雲	3

▶ 2つのタイプの超新星〔図2〕

Ⅰa型超新星

白色矮星が近くの星の水素やヘリウムなどのガスを吸いこむ。

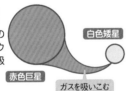

赤色巨星

白色矮星

ガスを吸いこむ

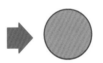

超新星爆発

ガスを吸いこみ限界質量に達すると爆発する。

Ⅱ型超新星

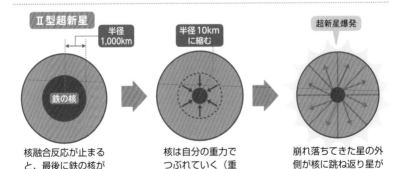

半径1,000km

鉄の核

核融合反応が止まると、最後に鉄の核がつくられる。

半径10kmに縮む

核は自分の重力でつぶれていく（重力崩壊）。

超新星爆発

崩れ落ちてきた星の外側が核に跳ね返り星が吹き飛ぶ。

宇宙に関する知りたいあれこれ **1章**

14 [星] すごく重い星？中性子星とブラックホール

なるほど！ ともに**超新星爆発の後に残った天体**で、とてつもなく**小さくて重い**！

　質量が太陽の8倍以上の星が超新星爆発を起こすと、その中心部には中性子星、もしくはブラックホールが残ります（➡P38）。

　質量が太陽の8倍〜30倍の恒星が超新星爆発を起こすと、**中性子星**が残ります。原子を構成する素粒子（陽子、中性子、電子）のひとつである**中性子によっておもに構成される**ため、このような名が付きました〔**図1**〕。

　中性子星は半径10kmほどの小さな星ですが、太陽ほどの重さがあり、1cm³あたり数億トンと非常に高密度の星です。また、**高速で自転する天体（パルサー）**でもあり、おうし座にある中性子星は毎秒30回転と観測されています。

　質量が太陽の30倍以上の恒星が超新星爆発を起こし、残った中心核が自らの重力に耐えられずに極限までつぶれた天体を**ブラックホール**と呼びます。ブラックホールは**とてつもなく重く高密度**です。一定の距離以内に近づいたあらゆるものを吸いこみ、一度吸いこまれたものは中で押しつぶされ二度と出てこれません〔**図2**〕。

　ブラックホールは直接観測できない、**光さえも吸いこむ「黒い穴」**ですが、近くの恒星からガスを吸いこむときに発生するエックス線の観測から、その存在が確かめられました。

超新星爆発で残った天体

▶ 中性子星の姿〔図1〕

中性子星の多くは、パルサーと呼ばれる天体として観測されている。

電磁波ビーム・磁極から電磁波を放出している。

中性子星の構造

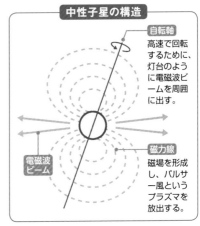

自転軸
高速で回転するために、灯台のように電磁波ビームを周囲に出す。

磁力線
磁場を形成し、パルサー風というプラズマを放出する。

電磁波ビーム

▶ ブラックホールの姿〔図2〕

強い重力によって光でさえ吸いこまれるため、「黒い穴」に見える。

宇宙ジェット

中心から噴き出すプラズマガス流。

降着円盤
物質は吸いこまれる前に円盤をつくる。

ブラックホールの構造

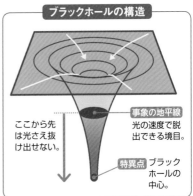

ここから先は光さえ抜け出せない。

事象の地平線
光の速度で脱出できる境目。

特異点 ブラックホールの中心。

地球を飲みこむような

LHCとブラックホール 〔図1〕

LHCとは、陽子と陽子を衝突させる加速器。衝突で生じた高エネルギー環境下で起こる現象を観測する。

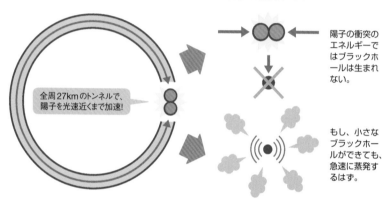

全周27kmのトンネルで、陽子を光速近くまで加速!

陽子の衝突のエネルギーではブラックホールは生まれない。

もし、小さなブラックホールができても、急速に蒸発するはず。

なんでも飲みこみ、光すら脱出できないブラックホール…。そんなブラックホールが、地球上に現れる可能性はあるのでしょうか？

実際の話として、欧州原子核研究機構（CERN）は、**大型ハドロン衝突型加速器（LHC）**という、陽子を加速して衝突させる科学実験施設をもっています〔**図1**〕。**この施設での実験で、ブラックホールの生成が可能なのでは**…と考えられています。しかし残念ながら、現時点では光の速度近くで陽子を衝突させてもエネルギーが足りず、ブラックホールの生成は観測されていません。

実はこんな話も。この宇宙は、**空間次元（3次元）＋時間方向の4次元時空よりも高次元で構成**されるという理論があるのです。この理論に沿って、余剰次元に重力が漏れ出しているのなら、LHCからもブラックホールが生まれる可能性はあるといわれています。し

ブラックホールは出現しうる?

月がブラックホールになる? 〔図2〕

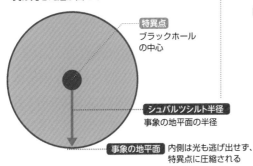

ブラックホールの構造

重力崩壊で中心部が無限につぶれる天体。物質は光さえ逃げ出せない。

特異点
ブラックホール
の中心

シュバルツシルト半径
事象の地平面の半径

事象の地平面　内側は光も逃げ出せず、特異点に圧縮される

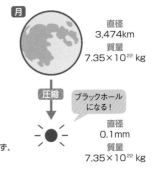

月のブラックホール化

月を直径0.1mmまでつぶせばブラックホールになるという。

月

直径
3,474km
質量
$7.35×10^{22}$ kg

圧縮

ブラックホール
になる!

直径
0.1mm
質量
$7.35×10^{22}$ kg

かし、たとえブラックホールが生じても、**小さすぎるために急速に蒸発**してしまい、何の影響も起きないともみられています。

　さて理論的には、物体を極限までつぶして小さな領域に詰めこめば、ブラックホールになり得ます。**「これ以上小さくなるとブラックホールになる限界半径」**のことを、**「シュバルツシルト半径」**といい、例えば、**月を直径0.1mmまでつぶせばブラックホールになる**のです〔**図2**〕。

　この月の質量のブラックホールは危険です。ブラックホールの周囲に物質があればそれを吸いこんでブラックホールはどんどん大きくなっていくので、そのようなブラックホールが地球に落ちてくれば、周囲の物質をどんどん飲みこみながら大きく成長し、最終的には地球全体を飲みこんでしまうと考えられます。

15 [星] 遠いところにある惑星は どうやって見つけるの？

なるほど! 太陽系以外にある惑星を見つけるには、
ドップラー法や**トランジット法**などを使う！

　太陽系以外の恒星を周回する惑星のことを**「系外惑星」**といいます。1990年代から見つかるようになり、2020年3月までに約4,200個の系外惑星が確認されています。中には、**地球に似た環境をもつ可能性がある惑星**も見つかっています。将来、水や生物の存在を確かめる観測が行われるでしょう。

　といっても系外惑星は非常に遠いところにあり、恒星に比べ小さく暗いので、望遠鏡で直接見つけることはほとんどできません。そのため、**おもに2つの方法**が使われてきました。

　ひとつは**「ドップラー法」**。重いものをもって体を回転させるとふらつきますよね。これと同様に、惑星をもつ恒星もふらつきながら回転しています。**惑星をもつ恒星がふらつくと、星の光の波長が微妙に変化する**ので、これをとらえて惑星を見つけるのです〔**図1**〕。

　もうひとつは**「トランジット法」**です。惑星は、ある決まった速度で恒星のまわりを回っています。恒星の前を惑星が通ると、恒星の光がさえぎられるため、光の量がわずかに減ります。この**光の量が一定の間隔で減ったり増えたりするのを観測**して、その恒星に惑星があることをつきとめるのです〔**図2**〕。トランジット法では、惑星の大きさだけでなく、大気の有無や成分などもわかります。

小さくて暗い惑星を直接見つけるのは困難

▶ ドップラー法とは〔図1〕

恒星のまわりを惑星が回ると、恒星が惑星の重力の影響を受けてふらつく。このふらつきによる光の変化から惑星の存在がわかる。

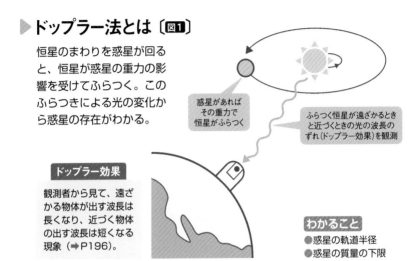

惑星があれば
その重力で
恒星がふらつく

ふらつく恒星が遠ざかるとき
と近づくときの光の波長の
ずれ(ドップラー効果)を観測

ドップラー効果

観測者から見て、遠ざかる物体が出す波長は長くなり、近づく物体の出す波長は短くなる現象(➡P196)。

わかること
● 惑星の軌道半径
● 惑星の質量の下限

▶ トランジット法とは〔図2〕

恒星の前を惑星が通るときの、恒星の光の変化から惑星の存在がわかる。

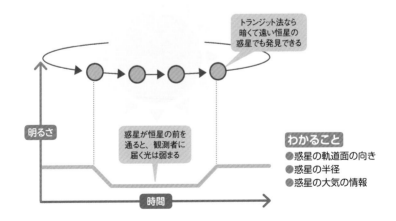

トランジット法なら
暗くて遠い恒星の
惑星でも発見できる

明るさ

惑星が恒星の前を
通ると、観測者に
届く光は弱まる

時間

わかること
● 惑星の軌道面の向き
● 惑星の半径
● 惑星の大気の情報

Q いちばん近い系外惑星には、どのくらいで行ける?

片道 1年未満	or	片道 20年	or	片道 5千年以上

系外惑星（➡P46）が次々に発見されていて、中にはハビタブルゾーン（➡P100）にあるらしい惑星も報告されています。となると、人類がそこへ行けるのかどうかが気になります。太陽系からいちばん近い系外惑星まで、どれくらいで行けるのでしょうか?

ちょっくら行ってくるわ

TAKE OFF

系外惑星でいちばん近くにあるのは、**プロキシマ・ケンタウリ b（プロキシマ b）**という惑星だといわれています。地球からの距離は約4.2光年（約40兆km）で、太陽から最も近い恒星のプロキシマ・ケンタウリを周回する惑星です。

さて、これまで最も速いスピードを出した宇宙船・探査機は、無

人探査機パーカー・ソーラー・プローブで、その**最高速度は時速約69万km**。プロキシマbへは**片道約6,600年**。仮に、この速度が出せる有人宇宙船ができても、寿命が1万3,000年ほどないと帰ってこれないので、有人宇宙船での可能性はむずかしいでしょう。

　無人探査機ならどうでしょうか。実は、無人の探査機をプロキシマbを含む恒星系のアルファ・ケンタウリに飛ばすという**「ブレークスルー・スターショット」**という計画があります。

　質量数グラムという小さな宇宙船にレーザーを照射することで、光速の20%もの速さを実現できるといわれています。これだと、**約20年で到着**できます。この方法なら、25年もあれば、プロキシマbに無人探査機を送りこんで、探査機が送ってくる写真などのデータを受け取ることはできそうです。

プロキシマbへの道のり

ということで、有人でたどり着く可能性は現状ありませんが、無人であれば、現在の技術で片道6千年以上が正解、ブレークスルー・スターショットが実現すれば片道20年が正解となります。

16 [星] 宇宙人がいるかどうか、科学的に計算できる？

なるほど！ **知的宇宙生命体**がいる可能性を計算する、「**ドレイクの方程式**」というものがある！

宇宙は壮大です。どこかに知性をもった宇宙人がいるような気がしますが、それを科学的に計算することはできるのでしょうか？

まず、知的宇宙生命体探しのことを**SETI**(Search for Extra-Terrestrial Intelligence) といいます。このSETIを初めて行った学者が、アメリカの電波天文学者フランク・ドレイクです。ドレイクは、天の川銀河の中に**地球の人類と通信できる宇宙人の文明がどのくらいあるかを見積もる式**を考え出しました。これが「**ドレイクの方程式**」と呼ばれる式です。

方程式の各項にどのような数字を入れるべきか、不確かな部分も多いのですが、1つの例を示します〔**右図**上〕。これらの数を全部かけ合わせると、N＝50となります。つまり、天の川銀河の中にあって**地球の人類と通信できる文明の数は、50個と見積もられる**のです〔**右図**下〕。式の各項に入る数字は、計算する人の考え方によっても変わります。文明の継続する時間は、**悲観的に考えるか楽観的に考えるかで大きく変わる**からです。

あなたが、宇宙の知的生命体が善良で慎み深く、利他的だと考えるなら、宇宙の平和と繁栄が長く保たれるので、通信できる生命体の数は多くなる計算結果となります。

楽観的に考えれば宇宙人は多くなる

▶ ドレイクの方程式で計算すると…

天の川銀河の中で、交信ができそうな地球外の文明の数を予測する計算式。

方程式
$$N = N_s \times f_p \times n_e \times f_l \times f_i \times f_c \times L$$

方程式の各項目と記入例

N 天の川銀河の中にあって、地球の人類と通信できる文明の数。

N_s 天の川銀河で毎年生まれる恒星の数。約10個と考えられているので、 $N_s = 10$

f_p その恒星が惑星をもつ確率。ここでは仮に50%とする。 $f_p = 0.5$

n_e その惑星の中でハビタブルゾーンにある惑星の数。ここでは仮に2個とする。 $N_e = 2$

f_l その惑星に生物が発生する確率。確率100%として、 $f_l = 1$

f_i その生物が人類のような知的生命体に進化する確率。
高くないと考えられるので、仮に1万分の1とする。 $f_i = 0.0001$

f_c その知的生命体が通信できるような文明をもつまで発展できる確率。
ここでは仮に10分の1とする。 $f_c = 0.1$

L その文明が継続できる時間（年）。ここでは仮に50万年とする。 $L = 500,000$

$$N = 10 \times 0.5 \times 2 \times 1 \times 0.0001 \times 0.1 \times 500,000 \quad = 50$$

上の計算ではN＝50に。つまり50個の文明があると予測される。

太陽系の地球

天の川銀河の中で、人類と通信できる文明をもつ星は50個くらい？

17
[星]

太陽系外からやってきた？
謎の天体・オウムアムア

なるほど！ 人類が初めて発見した**太陽系外の天体**で、
数百万年も長旅をしてきた！

2017年の10月、**ハワイの天文学者が奇妙な天体を発見**しました。その天体は、全長400mほどの葉巻型〔**図1**〕。秒速26kmという猛スピードで、こと座の方向から太陽系に近づき、秒速87kmまで加速した後、太陽を回りこむようにカーブして、ペガスス座の方向に飛び去って行きました〔**図2**〕。この天体の軌道と速度を調べてみると、太陽系内の天体にはあり得ないもので、そのことから、人類が初めて発見した**太陽系外から飛来した天体**であることがわかりました。ただ、見つかったときはすでに太陽から離れていくときだったのです。この天体には、ハワイ語で『遠くから来た使者』という意味の「**オウムアムア**」という名が付けられました。

オウムアムアは、恒星と恒星の間の何もない宇宙空間を、少なくとも**数百万年という長旅をして太陽系にやってきた**と考えられています。その正体は、小惑星や彗星と同じような天体がほかの恒星系（恒星と惑星からなる天体の集団）にもあり、それが**何らかの力で弾き飛ばされて太陽系にやってきた**とするのが、一般的な説です。

そんな中、アメリカの天文学者が宇宙人がつくった探査機ではないかという説を発表し、話題を呼びました。オウムアムアは遠くへ飛び去り、もう観測できないため、その可能性も否定できません。

宇宙人の探査機説も飛び出す謎の天体

▶ オウムアムアの想像図〔図1〕

ちりやガスも放
出せず、小惑星
にしては加速も
不自然であるた
め、彗星か小惑
星かで見解が分
かれている。

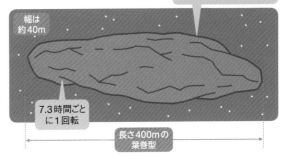

幅は
約40m

やや赤みを帯びた表面。
おそらく岩石と金属で構成

7.3時間ごと
に1回転

長さ400mの
葉巻型

▶ オウムアムアの軌道〔図2〕

こと座の方向から太陽に引かれて飛来し、ペガスス座の方向へ飛び去った。
天文学者は1年に1回はこのような星間天体が太陽系を通過すると予測。

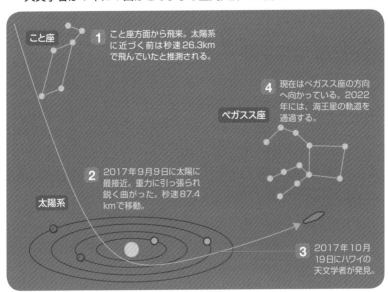

こと座

1 こと座方面から飛来。太陽系
に近づく前は秒速26.3km
で飛んでいたと推測される。

4 現在はペガスス座の方向
へ向かっている。2022
年には、海王星の軌道を
通過する。

ペガスス座

2 2017年9月9日に太陽に
最接近。重力に引っ張られ
鋭く曲がった。秒速87.4
kmで移動。

太陽系

3 2017年10月
19日にハワイの
天文学者が発見。

宇宙に関する知りたいあれこれ **1章**

18 銀河って何？
[銀河]
どうやって生まれたの？

なるほど！ 銀河とは、**星々が集まった大集団**のこと。
銀河が生まれるまでの**過程は謎**！

これまでに見つかっている**最古の銀河は、135億年前に誕生**した銀河とみられています。宇宙が誕生したのは138億年前ですから、宇宙誕生から**3億年後には銀河が誕生**していたことになります。ただし、初期の銀河がどのようにしてできたかについては、はっきりしたことはわかっていません。

宇宙の星々と同じで、銀河の広がり方もさまざまです。また、銀河同士も万有引力で引き合うため、集まってグループを形成しています。銀河のグループは、その規模によって小さいものは**「銀河群」**、大きいものは**「銀河団」**と呼ばれます。

天の川銀河の近くには、太陽系から16万光年先の距離にある大マゼラン雲、20万光年先の小マゼラン雲、230万光年先のアンドロメダ銀河などがあります。これらと天の川銀河を含む50個ほどの銀河は**「局部銀河群」**と呼ばれるグループをつくっています。そして銀河群や銀河団は、さらに大きなグループをつくり、これを**「超銀河団」**といいます。局部銀河群は、おとめ座銀河団を中心とする直径約2億光年の**「おとめ座超銀河団」**の一部です。

こうして多くの銀河の位置を調べると、**宇宙は石けんの泡のようなつくり（宇宙の大規模構造）**であることもわかってきました。

星も銀河もどこかの<u>グループ</u>に属する

▶ 銀河・銀河群・銀河団・超銀河団

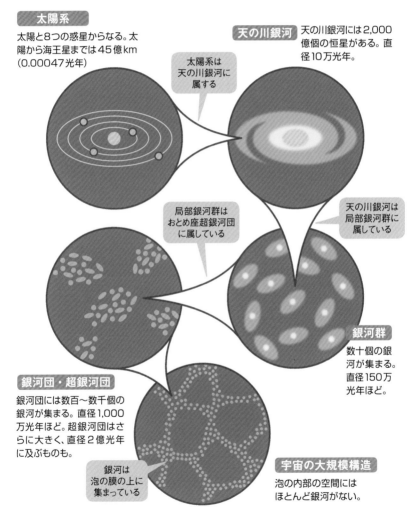

太陽系

太陽と8つの惑星からなる。太陽から海王星までは45億km（0.00047光年）

太陽系は天の川銀河に属する

天の川銀河 天の川銀河には2,000億個の恒星がある。直径10万光年。

天の川銀河は局部銀河群に属している

局部銀河群はおとめ座超銀河団に属している

銀河群 数十個の銀河が集まる。直径150万光年ほど。

銀河団・超銀河団

銀河団には数百〜数千個の銀河が集まる。直径1,000万光年ほど。超銀河団はさらに大きく、直径2億光年に及ぶものも。

銀河は泡の膜の上に集まっている

宇宙の大規模構造 泡の内部の空間にはほとんど銀河がない。

天の川銀河（銀河系）って何？

▶ 天の川銀河の形は?

天の川銀河の大きさや形は、実はよくわかっていない。太陽系が天の川銀河の中にあるので、外側からその姿を見ることができないためだ。しかし近年、目に見える光だけでなく赤外線、電波、X線などをとらえる観測によって、天の川銀河のつくりが次第に明らかになってきている。

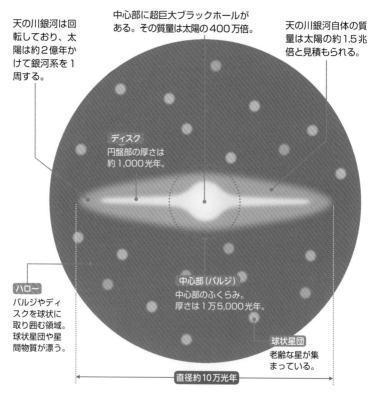

天の川銀河は回転しており、太陽は約2億年かけて銀河系を1周する。

中心部に超巨大ブラックホールがある。その質量は太陽の400万倍。

天の川銀河自体の質量は太陽の約1.5兆倍と見積もられる。

ディスク
円盤部の厚さは約1,000光年。

ハロー
バルジやディスクを球状に取り囲む領域。球状星団や星間物質が漂う。

中心部（バルジ）
中心部のふくらみ。厚さは1万5,000光年。

球状星団
老齢な星が集まっている。

直径約10万光年

天の川銀河は、中心部が棒のようになった「棒渦巻銀河」というタイプに分類され、直径は約10万光年、ディスクと呼ばれる円盤の厚さは約1,000光年とみられている。

天の川銀河を真上から見たときの想像図

中心部から外側に向けて伸びる星の集まった部分は「腕」と呼ばれ、太陽系は「オリオン腕」にある。太陽系は、天の川銀河の中心部から約2万6,000～3万5,000光年のところにある。

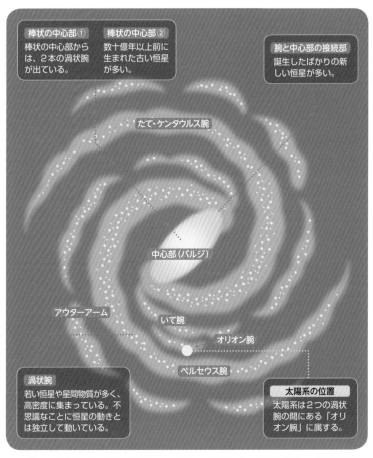

棒状の中心部①
棒状の中心部からは、2本の渦状腕が出ている。

棒状の中心部②
数十億年以上前に生まれた古い恒星が多い。

腕と中心部の接続部
誕生したばかりの新しい恒星が多い。

たて・ケンタウルス腕

中心部（バルジ）

アウターアーム

いて腕

オリオン腕

ペルセウス腕

渦状腕
若い恒星や星間物質が多く、高密度に集まっている。不思議なことに恒星の動きとは独立して動いている。

太陽系の位置
太陽系は2つの渦状腕の間にある「オリオン腕」に属する。

この巨大な銀河には、少なく見積もって1,000億個、多く見積もると4,000億個の恒星が集まっている。これらの星たちは、天の川銀河の中心部のまわりを回転している。中心部には、巨大なブラックホールがあると考えられている。

銀河にはどんな種類があるの？

なるほど！ 銀河はおもに**楕円銀河**、**渦巻銀河**、**レンズ状銀河**、**不規則銀河**の４つに分類される！

観測技術が未熟だった20世紀初めまでは、銀河は雲のようにぼうーっと見えるので、星雲と区別がつきませんでした。銀河が恒星の大集団であり、天の川銀河の外にある天体であることは、アメリカの**天文学者ハッブル**によって初めて明らかにされました。その後、観測技術が発達して、たくさんの銀河が観測されています。

ハッブルは、観測した銀河を形によって、**楕円銀河**、**渦巻銀河**、**レンズ状銀河**、**不規則銀河**の４つに分けました。

楕円銀河は、円形やラグビーボールのような形をしていて、楕円の形もさまざま。この銀河には古い時代にできた恒星が集まっていると考えられています。**渦巻銀河は、渦巻きのような構造をもつ薄**い円盤の形をした銀河です。楕円銀河とは対照的に、新しい星が次々に生まれています。**中心部に棒状に恒星が集まっているものは、特に棒渦巻銀河と呼ばれます**。天の川銀河は棒渦巻銀河、おとなりのアンドロメダ銀河は、棒状の構造をもたない渦巻銀河です。**レンズ状銀河は、凸レンズのような形**で、ガスやちりが少ない天体です。

上記に分類されないものは**不規則銀河**と呼ばれます。不規則銀河の中には、銀河同士が衝突・合体したものや、その後変形したものも数多く見られます。

銀河の種類は銀河の形で分けられた

▶ 形で分類した銀河の種類

アメリカの天文学者エドウィン・ハッブルは、観測した銀河を形の上から分類した。

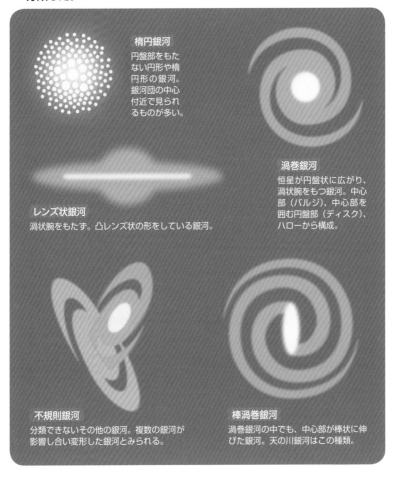

楕円銀河
円盤部をもたない円形や楕円形の銀河。銀河団の中心付近で見られるものが多い。

渦巻銀河
恒星が円盤状に広がり、渦状腕をもつ銀河。中心部（バルジ）、中心部を囲む円盤部（ディスク）、ハローから構成。

レンズ状銀河
渦状腕をもたず。凸レンズ状の形をしている銀河。

不規則銀河
分類できないその他の銀河。複数の銀河が影響し合い変形した銀河とみられる。

棒渦巻銀河
渦巻銀河の中でも、中心部が棒状に伸びた銀河。天の川銀河はこの種類。

宇宙に関する知りたいあれこれ **1章**

20
[銀河]

天の川銀河は
今後どうなる予定？

なるほど！ 天の川銀河とアンドロメダ銀河が、
約40億年後に衝突。その後、**合体**する予定！

　私たちの住む天の川銀河は、今後、どのような運命をたどるのでしょうか？　実は、**天の川銀河とアンドロメダ銀河とが衝突し、合体**することがわかっています。

　230万光年の距離にあるアンドロメダ銀河は、天の川銀河と同じ**局部銀河群**（⇒P54）に属する渦巻銀河で、直径は22万光年、およそ1兆個の恒星が集まっていると考えられています。天の川銀河の直径は約10万光年ですから、2倍以上大きな銀河です。

　この2つの銀河は万有引力で引き合っていて、互いに近づきつつあることがわかっています。そして、**約40億年後に2つの銀河は衝突する**こともわかっています。ただ、銀河の中の恒星はまばらに存在しているので、恒星同士が衝突する可能性はほとんどありません。つまり、太陽や地球が星々と衝突して、破壊される心配はないと考えられています。

　広い宇宙で銀河同士が衝突することは、それほど珍しいことではありません。2つ、ときには3つ以上の銀河が衝突する姿が望遠鏡によって観測されています。衝突した銀河は合体し、新しい形の銀河になります。アンドロメダ銀河と天の川銀河が合体した場合、**60億年後には巨大な楕円銀河になる**と考えられています。

銀河はぶつかるが恒星同士はぶつからない

▶ アンドロメダ銀河と天の川銀河の衝突

2つの銀河は約40億年後に衝突し、巨大な楕円銀河になるとみられる。

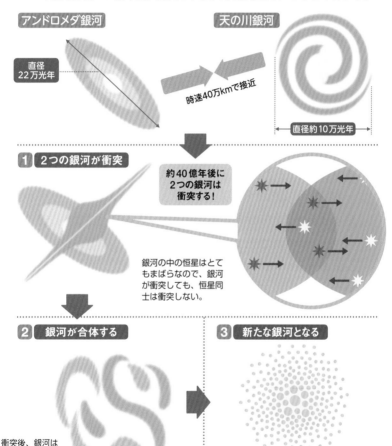

アンドロメダ銀河

天の川銀河

直径
22万光年

時速40万kmで接近

直径約10万光年

1 2つの銀河が衝突

約40億年後に
2つの銀河は
衝突する!

銀河の中の恒星はとてもまばらなので、銀河が衝突しても、恒星同士は衝突しない。

2 銀河が合体する

衝突後、銀河はすり抜け、形が引き伸ばされることになる。

3 新たな銀河となる

2つの銀河は再び互いに引き寄せられ、60億年後には1つの楕円銀河に。

宇宙に関する知りたいあれこれ **1**章

21 [宇宙] 宇宙はどうやって生まれたの?

なるほど! 限りなく**ゼロに近い一瞬**の間に、**急激に膨張**して宇宙は生まれた!

　この宇宙は、**物質もエネルギーも時間も空間もない「無」**から138億年前に誕生したと考えられています。宇宙が誕生した瞬間のことはわかっていませんが、誕生してからおおよそ10^{-36}秒後～10^{-34}秒後くらいの短い時間に、**顕微鏡でも見えないほど小さかった宇宙が、急激な膨張をした**という有力な説があります。

　10^{-36}は、分母が1のあとに0を36個つけた数、分子が1という限りなくゼロに近い数です。10^{-34}も限りなくゼロに近い数で、この短い時間の間に起こった急激な膨張を**「インフレーション」**といいます〔**図1**〕。限りなくゼロに近い時間で、微小な宇宙が10^{26}倍(1京の100億倍)に急膨張するという想像を絶する現象です。

　インフレーションに続いて、宇宙を急膨張させたエネルギーが熱に変わって**「ビッグバン」**と呼ばれる大爆発が起こりました〔**図2**〕。宇宙はさらにふくらみ、それとともに温度が下がって、ビッグバンから数分ほど経ったころ、物質をつくる基礎となる水素やヘリウムの原子核ができたと考えられています。

　このように宇宙のはじまりを説明する理論を**「ビッグバン宇宙論」**といいます。ビッグバンの名残と考えられる電波も観測されたことなどから、ほとんどの科学者がこの理論を正しいと考えています。

超高温の宇宙が次第に冷えていく

▶ インフレーションとは？〔図1〕

小さな宇宙が、極めて短時間の間に加速膨張した。

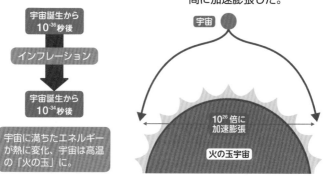

宇宙誕生から
10^{-36}秒後

↓ インフレーション

宇宙誕生から
10^{-34}秒後

宇宙に満ちたエネルギーが熱に変化、宇宙は高温の「火の玉」に。

宇宙

10^{26}倍に加速膨張

火の玉宇宙

▶ ビッグバンとは？〔図2〕

超高温の火の玉宇宙は、爆発的に膨張しながら次第に冷えていく。

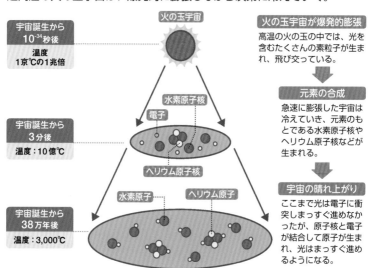

火の玉宇宙

宇宙誕生から
10^{-34}秒後
温度
1京℃の1兆倍

水素原子核
電子
ヘリウム原子核

宇宙誕生から
3分後
温度：10億℃

水素原子　ヘリウム原子

宇宙誕生から
38万年後
温度：3,000℃

火の玉宇宙が爆発的膨張
高温の火の玉の中では、光を含むたくさんの素粒子が生まれ、飛び交っている。

元素の合成
急速に膨張した宇宙は冷えていき、元素のもとである水素原子核やヘリウム原子核などが生まれる。

宇宙の晴れ上がり
ここまで光は電子に衝突しまっすぐ進めなかったが、原子核と電子が結合して原子が生まれ、光はまっすぐ進めるようになる。

▶宇宙の過去、現在、未来

宇宙は約138億年前に、何もないところ（無）から生まれた。その直後にインフレーションという急激な膨張が起こり、続いて起こった大爆発（ビッグバン）によって現在のような宇宙が誕生したと考えられている。

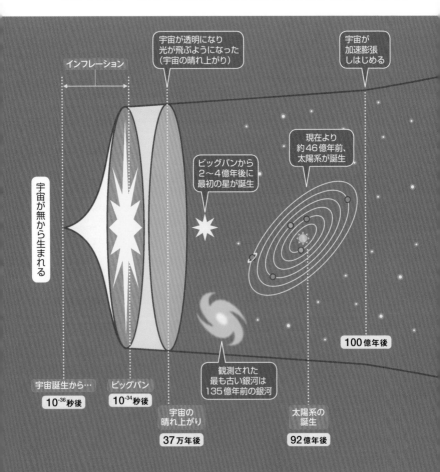

インフレーション

宇宙が透明になり
光が飛ぶようになった
（宇宙の晴れ上がり）

宇宙が
加速膨張
しはじめる

宇宙が無から生まれる

ビッグバンから
2〜4億年後に
最初の星が誕生

現在より
約46億年前、
太陽系が誕生

観測された
最も古い銀河は
135億年前の銀河

100億年後

宇宙誕生から…

10^{-36}秒後

ビッグバン

10^{-34}秒後

宇宙の
晴れ上がり

37万年後

太陽系の
誕生

92億年後

▶太陽系の誕生から宇宙の最期まで

太陽とそのまわりを回る地球などの惑星ができたのは、約46億年前のこと。太陽は今後50億年ほど輝き続けた末に、外層のガスが離れていき、中心の芯が白色矮星（わいせい）という小さな暗い星になると考えられている。宇宙の最期は、3つの説が唱えられているが、確かなことはわかっていない。

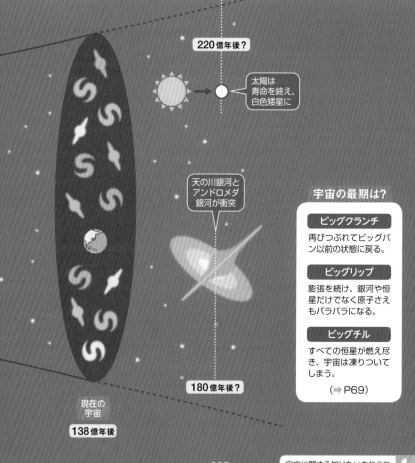

220億年後?

太陽は寿命を終え、白色矮星に

天の川銀河とアンドロメダ銀河が衝突

宇宙の最期は?

ビッグクランチ

再びつぶれてビッグバン以前の状態に戻る。

ビッグリップ

膨張を続け、銀河や恒星だけでなく原子さえもバラバラになる。

ビッグチル

すべての恒星が燃え尽き、宇宙は凍りついてしまう。

（⇒P69）

180億年後?

現在の宇宙

138億年後

22 最初の星は、いつ、どうやってできた?

[宇宙]

なるほど! 宇宙誕生から**2〜4億年後**にできた。
物質が**ダークマターに引き寄せられた**!

宇宙が生まれ、最初の恒星はどのように生まれたのでしょうか?

宇宙に物質が生まれたのは、ビッグバンから数分後です。水素やヘリウムの原子核が生まれ、このほかに**ダークマター（暗黒物質）**という、正体不明の物質も存在していました〔**図1**〕。

これらの物質は、均一に分布していたのではなく、濃いところと薄いところがありました。**濃いところは重力が強いので、周囲の物質を引きつけてますます濃くなります**。水素やヘリウムは、ダークマターに引き寄せられるように集まって、やがて温度も圧力も高くなります。そして**宇宙誕生から2〜4億年後までに、宇宙で最初の恒星が誕生**したと考えられています。

このとき、複数の恒星があちこちで誕生しました。このようにして誕生した最初の星、第1世代の恒星を**ファースト・スター**といいます〔**図2**〕。これらの恒星は、質量が太陽の数百倍もある巨大なもので、内部の核融合反応（➡P81）によってさまざまな元素を生み出し、一生の最後には**超新星爆発**（➡P40）を起こして元素を宇宙にまき散らしました。それらが星間雲（➡P36）となり集まって第2世代の星が、さらに第3世代の星がつくられたと考えられています。太陽や夜空の星の多くは、第3世代の星です。

正体不明の物質ダークマターがもと

▶ ダークマターとは 〔図1〕

普通の物質は光、赤外線、電波などと反応するので存在を確かめることができる。しかしダークマターは、それらと反応せず、素通りしてしまうので存在を直接観測することができない。

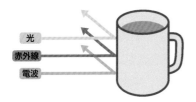

普通の物質 電磁波の反応で観測できる。

光
赤外線
電波

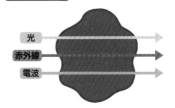

ダークマター 反応しないので観測できない。

光
赤外線
電波

▶ ファースト・スターの誕生 〔図2〕

水素、ヘリウムが集まって、ビッグバンから2〜4億年後に、最初の恒星が誕生したと考えられている。

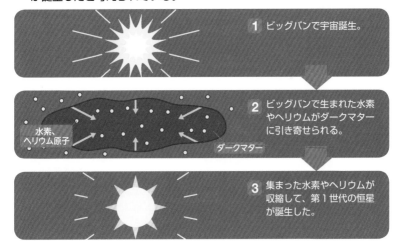

1 ビッグバンで宇宙誕生。

水素、ヘリウム原子

ダークマター

2 ビッグバンで生まれた水素やヘリウムがダークマターに引き寄せられる。

3 集まった水素やヘリウムが収縮して、第1世代の恒星が誕生した。

宇宙の最期はいったい どんな姿になる?

なるほど! 「ビッグバン前に戻る」「バラバラになる」 「凍りつく」の3つの説がある!

　このままいくと宇宙はどうなるのでしょうか?　正解はわかっていませんが、**おもに3つの説**が考えられています。

　宇宙はダークエネルギーによって加速膨張していきますが（➡P194）、ある時点で宇宙の膨張は止まり、宇宙は重力によって縮みはじめ、その後、**すべての物質がつぶれてビッグバンの前の状態に戻る**と考えられています。これが**「ビッグクランチ」**説です。

　次に**「ビッグリップ」**説。ダークエネルギーは衰えることなく、さらに勢いを増すことで、未来のある時点で宇宙の大きさを無限大にしてしまいます。その結果、銀河、恒星、惑星などの天体だけでなく、物質をつくっている**原子さえもがバラバラに引き裂かれてしまう**という予想です。

　最後に**「ビッグチル」**説。恒星を活動させている核融合反応が終わると、周囲は冷たく凍りついてしまいます。地球の場合は、太陽が燃え尽きると、熱も光も届かなくなり凍りつきます。これが宇宙全体で起こるので、宇宙は膨張し続けても、**最終的に宇宙は凍りついて終わりをむかえる**という説です。

　ただし将来の宇宙がどうなるにしろ、これら宇宙の最期が起こるのは早くても**500億年〜1,000億年先**と考えられています。

宇宙の最期は<u>3説</u>に分かれる

▶ 宇宙の最期はどうなる?

ビッグクランチ

ある時点で膨張が止まり、重力によって収縮しはじめ、最終的にはつぶれてビッグバン前の状態に戻る。

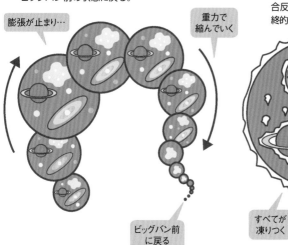

膨張が止まり…

重力で縮んでいく

ビッグバン前に戻る

ビッグチル

恒星を活動させている核融合反応がすべて終わり、最終的に宇宙全体が凍りつく。

すべてが凍りつく

ビッグリップ

膨張し続けて、銀河、恒星、惑星だけでなく原子さえもバラバラになってしまう。

膨張し続け…

すべてがバラバラになる

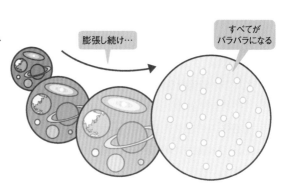

宇宙に関する知りたいあれこれ **1章**

行政官もこなしたマルチな天文学者
ニコラウス・コペルニクス
（1473 – 1543）

　紀元前より、地球が宇宙の中心で、ほかの天体がそのまわりを回る「天動説」の考え方が主流でした。ポーランドの天文学者コペルニクスは、その宇宙観に疑問をもち、太陽を中心に、地球や惑星がそのまわりを回る「地動説」（太陽中心説）を唱えた人物です。

　コペルニクスは３つの大学で神学、医学、天文学などを学び、聖職者・医者の職につきます。フロムボルグという町では教会の仕事のほか、財政の監督、侵略者に対する戦闘指揮など行政官の仕事までこなしつつ、夜間に聖堂の塔にのぼり、天体観測を行っていました。

　コペルニクスは、天体観測から天動説では説明のつかない惑星の動きに気づき、地動説の構想をまとめはしたものの、発表は控えていました。しかし口コミでコペルニクスの地動説は評判となり、周囲の強い勧めから発表を決意。1543年（当時70歳）のとき、地動説の論文をまとめた『天球の回転』を発刊します。そのできあがった本を手にして、コペルニクスは息を引き取ったともいわれています。

　コペルニクスは、2000年近く信じられていた価値観を一変させました。ドイツの哲学者カントは、このように価値観を180度変えてしまうようなことを、「コペルニクス的転回」と名付けています。

2章

太陽系の

疑問
あれこれ

私たちが暮らす地球は、太陽系の一惑星です。
ほかにはどんな星が浮かんでいるのでしょうか。
太陽のすごさ、月の誕生、流れ星の正体… など、
太陽系の星々のしくみに触れてみましょう。

24
[太陽系]

そもそも太陽系って何のことなの？

なるほど！
太陽を中心としたグループのこと。
惑星、**準惑星**、**彗星**、**衛星**などで構成される！

私たちの住む地球は、宇宙では**「太陽系」**というところにあります。この「太陽系」というのは、どういったもので、どのように構成されているのでしょうか？

「太陽系」とは、太陽とそのまわりを回る天体のグループのことを指します。惑星や衛星をはじめ、小惑星帯、彗星、太陽系外縁天体まで、その空間にあるものすべてをひっくるめたものです〔**右図**〕。

太陽系には、地球を含めて惑星が8つあります（➡P74）。また、惑星と呼べるだけの条件を満たさない**「準惑星」**があり、冥王星をはじめ、現在5つが準惑星に分類され、これらは太陽系外縁天体とも呼ばれます（➡P140）。それよりもさらに小さくて、直径（や長径）が10kmに満たないような**「小惑星」**が存在し、その数は数百万にのぼります（➡P132）。

そして細長い楕円軌道を描いて、数年から数千年に一度、太陽の近くに戻ってくる**「彗星」**も、実は太陽系に属します。

さらに**「衛星」**もあります。衛星とは惑星のまわりを回る星で、例えば月は地球の衛星です。衛星は太陽系内で現在200以上確認されています。そのほか、宇宙空間に存在するちり、太陽から放出されるプラズマ、高エネルギー粒子なども太陽系に含まれます。

太陽系の空間にあるものすべて「太陽系」

▶ 太陽系を構成するものは?

太陽を中心に、惑星、衛星、準惑星、小惑星、彗星などから構成される。

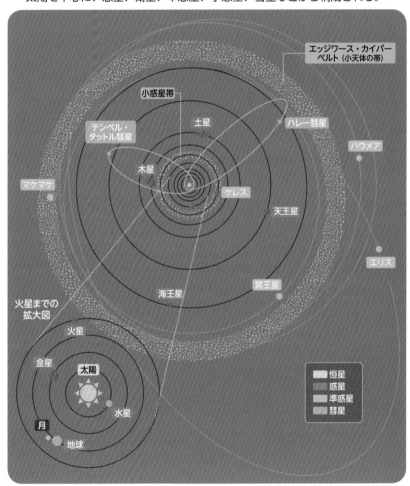

太陽系の惑星、大きさと距離

▶ 太陽と惑星の大きさを比較

惑星の大きさの縮尺を合わせ、太陽から順に並べたものが以下の図。衛星は比較的大きいものだけを示している。太陽の質量は、太陽系の総質量の99.8%以上を占める。

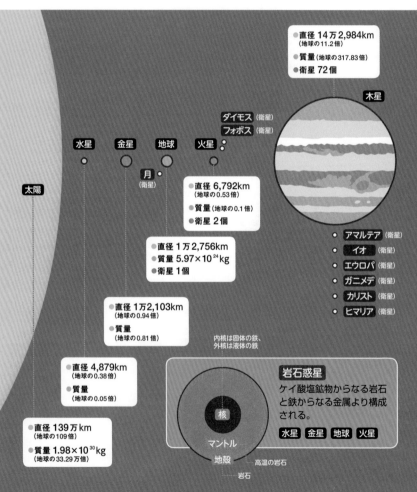

- 直径 14万2,984km（地球の11.2倍）
- 質量（地球の317.83倍）
- 衛星 72個

木星

ダイモス（衛星）
フォボス（衛星）

水星　金星　地球　火星

月（衛星）

太陽

- アマルテア（衛星）
- イオ（衛星）
- エウロパ（衛星）
- ガニメデ（衛星）
- カリスト（衛星）
- ヒマリア（衛星）

- 直径 6,792km（地球の0.53倍）
- 質量（地球の0.1倍）
- 衛星 2個

- 直径 1万2,756km
- 質量 $5.97×10^{24}$kg
- 衛星 1個

- 直径 1万2,103km（地球の0.94倍）
- 質量（地球の0.81倍）

- 直径 4,879km（地球の0.38倍）
- 質量（地球の0.05倍）

- 直径 139万km（地球の109倍）
- 質量 $1.98×10^{30}$kg（地球の33.29万倍）

内核は固体の鉄、
外核は液体の鉄

核

マントル

地殻

高温の岩石

岩石

岩石惑星

ケイ酸塩鉱物からなる岩石と鉄からなる金属より構成される。

水星　金星　地球　火星

074

▶ 惑星の距離の比較

惑星は、火星までは比較的密集しているが、それ以降は太陽から大きく離れていく。右の図は、太陽から惑星までの距離。

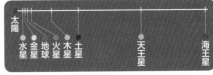

- 水星：5,790万km
- 金星：1億820万km
- 地球：1億4,960万km
- 火星：2億2,790万km
- 木星：7億7,830万km
- 土星：14億2,940万km
- 天王星：28億7,500万km
- 海王星：45億440万km

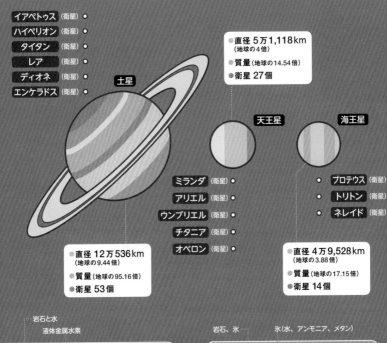

- イアペトゥス（衛星）
- ハイペリオン（衛星）
- タイタン（衛星）
- レア（衛星）
- ディオネ（衛星）
- エンケラドス（衛星）

土星

天王星

海王星

- 直径 5万1,118km（地球の4倍）
- 質量（地球の14.54倍）
- 衛星 27個

- ミランダ（衛星）
- アリエル（衛星）
- ウンブリエル（衛星）
- チタニア（衛星）
- オベロン（衛星）

- プロテウス（衛星）
- トリトン（衛星）
- ネレイド（衛星）

- 直径 12万536km（地球の9.44倍）
- 質量（地球の95.16倍）
- 衛星 53個

- 直径 4万9,528km（地球の3.88倍）
- 質量（地球の17.15倍）
- 衛星 14個

岩石と水
液体金属水素

巨大ガス惑星
水素とヘリウムを主成分とする惑星。

土星　木星

内核　外核

ガス

水素、ヘリウムなど

岩石、氷
氷（水、アンモニア、メタン）

巨大氷惑星
氷を主成分とする惑星。

天王星
海王星

マントル

核

ガス

水素、ヘリウム、メタン

太陽系の疑問あれこれ **2章**

25 [太陽系] 太陽はいつ、どうやって生まれたの？

なるほど！ 約46億年前に、宇宙空間にある水素分子が集まり、**核融合反応が起きて生まれた**！

　約46億年前、太陽は生まれたといわれています。今やあるのがあたり前の太陽ですが、どのように生まれたのでしょうか？

　宇宙には星と星の間に**星間物質**と呼ばれるものが存在します。そのほとんどは星間ガスで、おもな要素は水素やヘリウムです。星間ガスを構成する粒子同士が引き合って密度の高いところができると、その部分の重力が大きくなります。すると、さらにそこへ星間ガスが集まり、**「星間分子雲」**という星雲ができてきます。

　星間分子雲の中にさらに密度の高い部分ができ、100倍以上高密度になった部分を**「分子雲コア」**といいます。分子雲コアは、周囲のガスやちりを巻きこみながら回転し、自分の重力で収縮します。するとさらに密度が高まり、周囲の物質を吸収します。そしてやがて、中心部に高温のかたまりができます。これが**「原始星」と呼ばれる、星の生まれたときの姿**となるのです〔**右図**〕。

　太陽の原始星の状態は**「原始太陽」**と呼ばれます。核融合反応（➡P81）が起こり、原始太陽は熱を出して光り輝くようになりました。太陽が太陽系の惑星と大きく違う点はその質量で、**太陽系の全質量の99.86%**を占めます。太陽にならなかった、余った星間物質が地球などの惑星などを形づくったといえるのです。

太陽系の質量の約99%が太陽の質量

▶ 星間分子雲が濃くなって太陽になる

星間分子雲の密度の高くなった分子雲コアから、原始太陽は誕生した。

■1 星間分子雲
宇宙誕生から92億年
（現在から約46億年前）

水素とヘリウムからなる星間ガスが次第に引き合い、雲状に集まる。

超新星爆発の衝撃波により、雲の密度が圧縮され、分子雲にコアができた可能性がある。

■2 原始太陽の誕生
■1から数百万年後

分子雲コアが回転しながら収縮していき、原始太陽が生まれる。

■4 太陽が恒星になる

原始惑星系円盤はなくなり、太陽は安定して核融合反応を起こす現在の姿になる。

ヘリウム

水素

水素がヘリウムになる核融合反応が起こりはじめる。

■3 原始太陽のまわりが円盤状に

星間物質の99.86%は原始太陽に取りこまれ、残りは円盤状に広がる。

077

太陽系の疑問あれこれ **2章**

太陽系の惑星は
どうやって生まれたの？

なるほど！ **太陽の分子雲コアの残りが回転し、**
衝突、合体を重ねて**かたまりとなり生まれた**！

　太陽系の惑星は、どのように生まれたのでしょうか？　その成り立ちは、原始太陽の誕生（➡P76）と密接に関係しています。

　<u>原始太陽</u>は、分子雲コアのガスやちりが集まって誕生しました。それら全質量の99.86％が原始太陽をつくり、残りの0.14％が太陽のまわりに円盤状に広がっていきました。この円盤を<u>**原始惑星系円盤**</u>といいます。

　原始惑星系円盤を形づくるガスやちりは、原始太陽のまわりを回転しながら、近いもの同士がお互いの重力で引き合い、微惑星と呼ばれるかたまりになるなど、だんだん大きくなっていきました。そして最終的に、特に大きくまとまったかたまりが、太陽系の惑星となったのです〔**右図**〕。

　つまり、**太陽系の惑星は、太陽が生まれた際の副産物**ともいえるのです。

　太陽から近い、水星、金星、地球、火星の4つは、おもにちりが固まった惑星で、**岩石惑星**と呼ばれます。その外側の木星、土星の構成成分はおもに水素やヘリウムで、**巨大ガス惑星**と呼ばれます。さらに外側の天王星、海王星は、水素、アンモニア、メタンを主成分とする**巨大氷惑星**と呼ばれています。

太陽系の惑星は<u>回転する円盤</u>から誕生

▶ 原始惑星系円盤から惑星に

原始惑星系円盤を形づくる物質は、激しく衝突することで、溶けて、合体して、だんだん大きなかたまりになっていく。

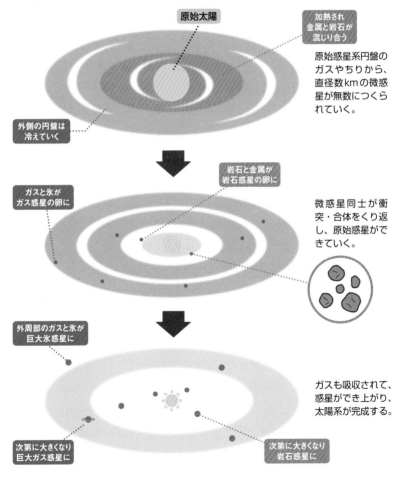

原始太陽

加熱され金属と岩石が混じり合う

原始惑星系円盤のガスやちりから、直径数kmの微惑星が無数につくられていく。

外側の円盤は冷えていく

ガスと氷がガス惑星の卵に

岩石と金属が岩石惑星の卵に

微惑星同士が衝突・合体をくり返し、原始惑星ができていく。

外周部のガスと氷が巨大氷惑星に

ガスも吸収されて、惑星ができ上がり、太陽系が完成する。

次第に大きくなり巨大ガス惑星に

次第に大きくなり岩石惑星に

27 [太陽] 太陽はどうして燃え続けているの？

なるほど！ 太陽の内側では、**水素がヘリウムに変わる核融合**が起き続けているから！

　太陽は、なぜずっと燃え続けているのでしょうか？　それは、太陽の内部で**核融合反応**が起こり続けているからなのです。

　生まれたばかりの星・原始星は、おもに水素からできています。その内部が高密度・高温度になると、**水素原子**が**ヘリウム原子**に転換されます〔**図1**〕。これが太陽で起きている核融合反応の正体です。

　ざっくりいうと、水素原子4つとヘリウム原子1つとでは、ヘリウム原子の方が質量が少ないのです。すると、水素原子4つからヘリウム原子1つがつくられるときに質量が軽くなるのですが、この軽くなった分がエネルギーとなります。このエネルギーの量が、莫大なのです。太陽は1秒間に420万トン質量が減り、それがエネルギーに変換されています。これは**1京トン（1兆トン の1万倍）の石油を燃やしたときに得られるエネルギー**に相当します。

　正確にいうと、**太陽は燃えているのではありません**。莫大な量のエネルギーを、熱と光として放出しているので、燃えているように見えるのです。太陽の中心核では核融合反応が起こり、中心温度は約1,500万℃になっています。このエネルギーは、光となって太陽の外側へと向かいますが、ほかの粒子とぶつかりながら進むため、表面に届くまでには100万年近くかかります〔**図2**〕。

中心核で生まれた熱と光が外側へ運ばれる

▶ 太陽の内側で起こる核融合 〔図1〕

太陽での核融合は、**1**〜**3**の反応が連続的に続く。

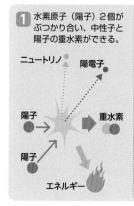

1 水素原子（陽子）2個がぶつかり合い、中性子と陽子の重水素ができる。

ニュートリノ
陽電子
陽子 →
陽子
重水素
エネルギー

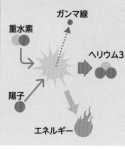

2 **1**の重水素に水素原子（陽子）1個がぶつかり、陽子2個、中性子1個のヘリウム3ができる。

重水素
ガンマ線
陽子
ヘリウム3
エネルギー

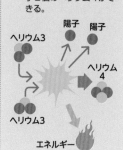

3 **2**のヘリウム3同士がぶつかり、陽子2個、中性子2個のヘリウム4ができる。

ヘリウム3
陽子 陽子
ヘリウム4
ヘリウム3
エネルギー

▶ 太陽のしくみ 〔図2〕

太陽は水素の核融合によってエネルギーを生み出し、光っている。

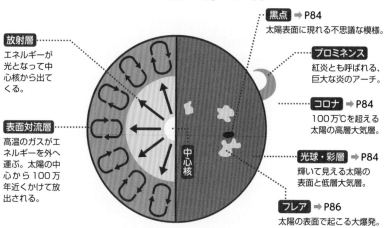

放射層
エネルギーが光となって中心核から出てくる。

表面対流層
高温のガスがエネルギーを外へ運ぶ。太陽の中心から100万年近くかけて放出される。

中心核

黒点 ➡ P84
太陽表面に現れる不思議な模様。

プロミネンス
紅炎とも呼ばれる、巨大な炎のアーチ。

コロナ ➡ P84
100万℃を超える太陽の高層大気層。

光球・彩層 ➡ P84
輝いて見える太陽の表面と低層大気層。

フレア ➡ P86
太陽の表面で起こる大爆発。

太陽系の疑問あれこれ **2章**

太陽がどれくらい熱くなると人類は滅亡する?

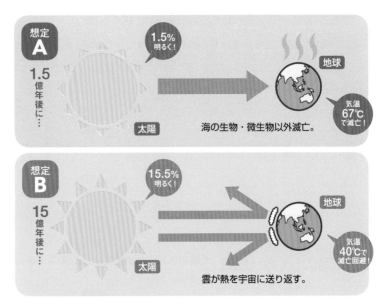

想定 **A**

1.5億年後に…

1.5% 明るく!

太陽

海の生物・微生物以外滅亡。

地球

気温 67℃ で滅亡!

想定 **B**

15億年後に…

15.5% 明るく!

太陽

雲が熱を宇宙に送り返す。

地球

気温 40℃で 滅亡回避!

　地球の平均気温は約15℃といわれます。この温度は太陽の熱によるもので、ときには極端に暑くなることもありますが、ちょうど人類が暮らせる暑さになっています。さて、太陽がどれくらい熱くなると、人類は滅亡してしまうのでしょうか?

　太陽は生まれた46億年前に比べて、現在は約30%明るくなっており、この後も**1億年に1%ずつ明るくなる**といわれています。太陽が明るくなると地球の気温は増します。気温が上がり続けると、やがて液体の水が蒸発し、大気が水蒸気で満たされる**暴走温室状態**（➡P101）となってしまいます。

ある研究によると、**1.5億年後に太陽が1.5％明るくなると、地球の表面温度は67℃**となり、海の生物や微生物しか生きられない状態になるようです**（湿潤温室状態）**〔**左図**A〕。さらに6〜7億年後に太陽が6％明るくなると暴走温室状態となり、生物は死に絶えると考えられています。

　人類がもう少し長生きできる研究もあります。15億年後に太陽が15.5％明るくなっても、**雲が宇宙に熱を送り返すため、地球の平均気温は40℃に抑えられる**という想定です。これによると、湿潤温室状態は先述の研究より10倍（15億年）、暴走温室状態は3倍（18〜21億年）ほど先に延ばせるといいます〔**左図**B〕。

　一方で、地球を冷却するために気候を改変する研究も進められています。大気に微粒子の傘をつくって太陽光を反射させるという**「太陽放射管理」**〔**下図**〕がその一例です。

　ただし、予想外の気候変動や生態系への悪影響などの副作用も大きく、さらに一度実行したら止めにくく、賛否が分かれる研究です。

太陽放射管理のしくみ

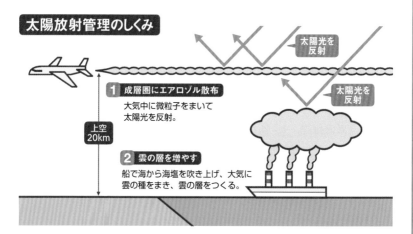

太陽光を反射

太陽光を反射

1 成層圏にエアロゾル散布
大気中に微粒子をまいて太陽光を反射。

上空20km

2 雲の層を増やす
船で海から海塩を吹き上げ、大気に雲の種をまき、雲の層をつくる。

太陽系の疑問あれこれ **2章**

28 コロナ？ 黒点？
[太陽]
太陽の表面のしくみ

 なるほど！ 表面は、**超高温の大気・コロナ**がとりまく。
黒点は温度の低い場所で、11年周期で増減！

太陽の表面は、どうなっているのでしょうか？

太陽は、高温で光るガスの球です。太陽の表面は**「光球」**といわれており、温度は約6,000℃。光球のすぐ上は**「彩層」**という薄い大気の層があり、ここの温度は約1万℃。いちばん外側には、上空数百kmまで広がっている**「コロナ」**があります。コロナはほとんど真空に近いのですが、100〜200万℃の超高温で、**物質はプラズマ状態**になっています〔**図1**〕。

このように、**なぜか表面から離れるほどに高温となる**のですが、その原因は判明していません。ちなみに、プラズマは超高速で宇宙空間へ飛び出すのですが、これを**太陽風**（→P86）といいます。

太陽を観測すると、光球に黒い点がいくつもあることがわかります。これは、周囲よりも温度の低いところで、**「黒点」**と呼ばれます〔**図2**〕。ただ、温度が低いといっても約4,000℃もあります。

黒点の数は、11年周期で増加と減少をくり返します。おもしろいことに、高緯度に現れてから次第に低緯度に現れるようになり、その後また高緯度に現れるといったように、位置が変わります。これは、太陽の自転速度が低緯度と高緯度とで大きく異なるため、磁力線にねじれが生じるためではないかと考えられています。

上空はプラズマ、表面では磁力線が飛び出る

▶ 太陽表面とコロナのしくみ〔図1〕

上空へいくにつれて高温になり、最も外側のコロナは超高温。

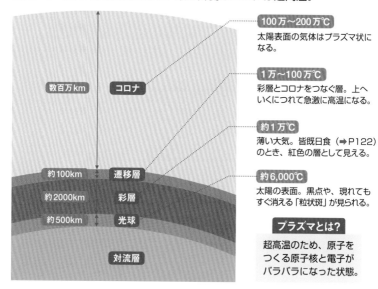

100万～200万℃
太陽表面の気体はプラズマ状になる。

1万～100万℃
彩層とコロナをつなぐ層。上へいくにつれて急激に高温になる。

約1万℃
薄い大気。皆既日食（➡P122）のとき、紅色の層として見える。

約6,000℃
太陽の表面。黒点や、現れてもすぐ消える「粒状斑」が見られる。

数百万km　コロナ

約100km　遷移層
約2000km　彩層
約500km　光球

対流層

プラズマとは？
超高温のため、原子をつくる原子核と電子がバラバラになった状態。

▶ 黒点のしくみ〔図2〕

対流によって生じた磁力線の束が、光球から飛び出ることで生まれる。

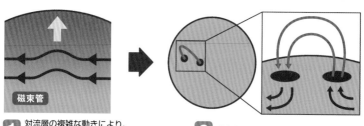

磁束管

1 対流層の複雑な動きにより、磁束管に浮力が生じる。

2 磁束管が飛び出て黒点となる。

085

太陽系の疑問あれこれ **2**章

29

フレア？　太陽風？
太陽がもたらす影響は？

なるほど！ **太陽の大爆発のことをフレア**という。フレアで太陽風が強まり、**地球の磁場も乱れる！**

　フレアとは、恒星の表面で起こる大爆発のことです。太陽で起こるフレアを、太陽フレアといいます〔**図1**左〕。太陽の活動の中で最も荒々しい現象で、太陽系における最大の爆発といえます。その規模は、**水素爆弾10万〜1億個分の爆発にも相当**するといわれます。

　太陽風とは、太陽から飛び出したプラズマなどのこと。フレアによる放射線や荷電粒子の大量放出で、太陽風はより強力になります〔**図1**右〕。この太陽風は、地球にも影響を及ぼします。

　太陽風は放射線などを大量に含むため、人間などの生物が直接受ければひとたまりもありません。しかし、**地球がもつ強い磁場がバリアのようになり、地球にいる生物は守られています**。ただし、強力な太陽風となると完全には防げず、粒子の一部が地球磁気圏の内部に入りこみます。すると地球の磁場が乱れて磁気嵐が巻き起こり、無線通信に障害が生じたり、人工衛星の電子部品や変電所に故障が出たりします〔**図2**〕。

　ちなみに、**オーロラ**は、地球に流れこんだ太陽風が、地球の大気とぶつかることによって引き起こされる発光現象です。一般的には北極圏など緯度の高い場所で見られる現象ですが、フレアの活動が強くなると、低緯度でも見られることもあります。

地球は磁気圏で太陽風から守られている

▶ フレアと太陽風のしくみ〔図1〕

フレア フレアは太陽の表面で数分間〜数時間続く爆発現象。黒点近くの磁力線によって集まったエネルギーが、一気に放出されて起こる。

フレア　爆発の大きさは1万〜3万km。

黒点 周囲より温度が低く、磁場が強いところ。

太陽風 コロナから常に素粒子のプラズマが押し出され、太陽風をつくり出している。

毎秒100万トンもの質量の粒子が太陽から放射される。

▶ 太陽風と地球の磁気圏〔図2〕

太陽風で発せられる有害な電離気体は、直接地球にあたらず、磁気圏で守られる。ただし、フレアなどで磁気嵐が発生すると人工衛星や通信に影響が出る。

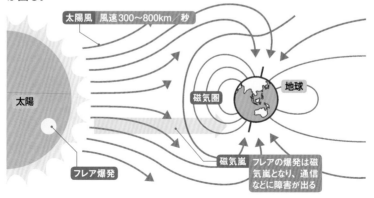

太陽風　風速300〜800km／秒

磁気圏

地球

太陽

フレア爆発

磁気嵐　フレアの爆発は磁気嵐となり、通信などに障害が出る

30 [太陽] 燃え続けた結果、太陽の最期はどうなる？

なるほど！ 地球を飲みこむまでに**大膨張**！
その後収縮して、**高密度の白い星になる**！

燃え続ける太陽。燃え尽きるとどうなるのでしょうか？

太陽の中心部では、水素がヘリウムに変わる核融合が行われ続けています（➡P81）。太陽は誕生以来、46億年間ずっと核融合を続けてきました。しかし、水素には限りがあります。**およそ55億年後、太陽の中心部の水素は使い果たされる**と考えられています。

水素がなくなると、中心部での**核融合は終わります**。水素からつくられたヘリウムも、核融合によってより重い元素をつくり出すのですが、それらの核融合は、中心部でなくその少し外側で行われます。その後中心部は収縮し、外側は膨張。毎秒数十kmの速さで宇宙空間へ広がります。そして**太陽はすさまじくふくれあがり、地球の公転軌道に届くほどまで巨大化**すると考えられています。膨張すると圧力が下がり、その分温度が下がります。温度が下がると、発する光は赤っぽくなるため、**「赤色巨星」**と呼ばれます。

「赤色巨星」として膨張し尽くした太陽は、外層部を宇宙に放出し、惑星状星雲となります。そして次第に中心核のみにまで縮小し、**現在の太陽の100分の1くらいの大きさ**になると考えられています。中心核が白く輝く**「白色矮星」**となり、質量は現在の太陽の約70%と、高密度の星となります。

250倍ふくらみ、100分の1まで縮む

▶ 太陽の最期

太陽は現在約46億歳。太陽年齢が約130億歳で、一生を終えると考えられている。

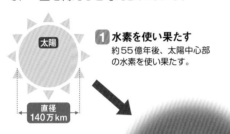

太陽

直径
140万km

1 水素を使い果たす
約55億年後、太陽中心部の水素を使い果たす。

2 中心核が収縮
中心部が収縮し、外側が膨張。大量の質量が放出され、大きくふくれあがる。

4
白色矮星に
その後収縮して、太陽年齢が130億歳のときに、中心核のみ残り、現在の太陽の100分の1くらいの大きさになる。

直径約3億5,000km

3 赤色巨星に
最大で、現在の太陽の250倍にまで膨張する。

太陽の一生（単位10億年）

1
2
3
4 — 現在の年齢
5
6
7
8
9
10 — **1** **2 3**
11 — 惑星状星雲
12
13 — **4**
14

089

太陽が巨大化すると、

地球は飲みこまれる？ 〔図1〕

現在
赤色巨星は地球の軌道より大きくなる。

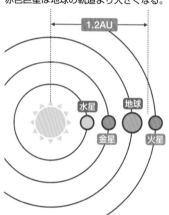

未来❶
軌道は変わらず、太陽に飲みこまれる。

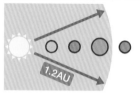

未来❷
太陽の引力が弱まり、軌道がずれる。

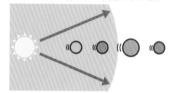

　太陽は徐々に巨大化しています。このまま巨大化が進むと、地球をはじめ、太陽系にはどんな未来が待っているのでしょうか？

　今から約55億年後、太陽は巨大化して**赤色巨星**となります（➡P88）。赤色巨星は最大に達すると、現在と比べて**大きさは約250倍、明るさは約2,700倍**になるといわれています。太陽の熱により、残念ながら、**地球は海が蒸発し、岩石がどろどろに溶けた惑星になる**と考えられています。

　このとき、地球が太陽に飲みこまれるかどうかは諸説あります〔**図1**〕。太陽は、地球の軌道を超えた1.2天文単位（AU）にまで巨大化する可能性がある一方、質量は現在の3分の2まで減るともみられています。太陽が質量を放出し、地球の軌道よりも外側に質

どんな未来が待っている?

ハビタブルゾーンが変わる? 〔図2〕

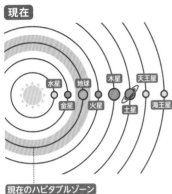

現在

現在のハビタブルゾーン
現在は地球がハビタブルゾーン内にある。

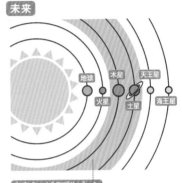

未来

未来のハビタブルゾーン
太陽の膨張で居住可能範囲の星が増える。

量が逃れた場合、太陽の引力は弱まり、まわりをめぐる惑星の軌道はどんどん外側にずれて、**地球は太陽の外側にいられるかも**しれません。ただし、地球が離れる以上のスピードで太陽が膨張した場合は、**地球は太陽に飲みこまれます**。

　ほかの星々にはどのような影響があるでしょうか?　太陽が膨張することでハビタブルゾーン（➡ P100）が外側にずれるため、**居住可能な星が増える**と考えられています〔図2〕。赤色巨星の時代は約数億年ほど続きますが、その間に、**木星の衛星エウロパや土星の衛星エンケラドスの氷は溶ける**でしょう。太陽系外を目指さずとも、これらの星に地球の生物が移住しているかもしれません。

　太陽の膨張で、地球は蒸発して星間物質となるのか、溶け残って岩石惑星として宇宙に残るのか、その答えは子孫に託しましょう。

太陽系の疑問あれこれ **2**章

地球はどうやって
生まれたのか？ ①

なるほど！ 大きめの微惑星が成長して生まれた。
ガスから大気が生まれ、やがて海ができた！

地球は、どのようにして生まれたのでしょうか？

太陽の誕生により、太陽を中心とした原始惑星系円盤ができあがりました（➡P78）。この円盤にあるガスやちりが衝突・合体をくり返し、直径10kmほどのかたまりになった状態を**「微惑星」**といいます。**地球のもととなる「原始地球」も微惑星だった**のですが、まわりの約100億個の微惑星の中で最も大きなものでした。

半径2,000kmほどに成長したとき、微惑星などとの衝突によって内部から揮発性のガスが噴出するようになります。ガスは重力により表面に保たれ、これが大気のはじまり**「原始大気」**となります。

微惑星などとの衝突によって生じる熱エネルギーと、原始大気の保温効果で、原始地球の表面は高温になります。すると、岩石は溶けて**マグマオーシャン**（溶岩の海）がつくられます。

原始地球の中心部分は高温で、さまざまな物質が溶けます。その中で、密度の大きい金属の鉄がほかの物質と分離することで、**中心部が金属鉄の層となり、鉄の球核が形づくられた**のです。

微惑星との衝突が減ると原始地球は冷えはじめます。原始大気中の水蒸気が雲をつくって雨が降り注ぎ、**原始の海**が生まれました。このようにして、今の地球の原型がつくられたと考えられています。

衝突の熱で、原始大気や鉄の核ができる

▶ 原始地球の形成

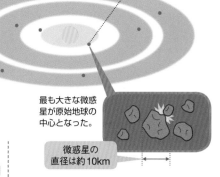

原始地球

最も大きな微惑星が原始地球の中心となった。

微惑星の直径は約10km

1 微惑星が成長

約46億年前から原始惑星系円盤の微惑星が、衝突・合体をくり返すことで、原始地球は成長。

2 原始大気が生じる

微惑星中に含まれていた水蒸気や二酸化炭素が放出され、重力によって原始地球の表面にとどまる。

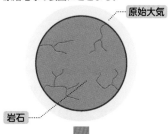

原始大気

岩石

3 マグマオーシャンに

微惑星との衝突は続き、衝突によるエネルギーで地球内部まで融解、地表はマグマの海でおおわれた。

原始大気

マグマオーシャン

4 核ができ地表が冷える

マグマの海が含む金属が沈み、中心に核ができた。マグマの地表は少しずつ冷えて固まり、岩石でおおわれた。

原始大気

金属鉄の核

地表は岩石に

5 海の誕生

地表が冷えると、大気中の水蒸気が冷やされて、雨になって地表に降り注ぎ、海ができた。

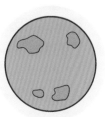

太陽系の疑問あれこれ **2**章

地球はどうやって生まれたのか？②

なるほど！ **マグマオーシャン**から**コア（核）**が形成。**磁場**が生まれ、太陽風からのバリアができた！

地球誕生後、地球の内側はどう形づくられたのでしょうか？

マグマオーシャン（➡P92）ができた後、その中の密度の高い金属（おもに鉄やニッケル）は、中心へと沈みこみました。地球くらいの重力をもった惑星の中心部では、高い圧力により、溶けた鉄などは固体になります。そのため、固体の**内部コア（内核）**と、その外側に液体の**外部コア（外核）**がつくられたのです。外部コアの外側は、岩石でできた**マントル**です。微惑星の衝突が終わると徐々に冷えて、外側から固体になったため、マントルになったのです〔**図1**〕。

外部コアは、**中心に近い方が高温で、外側（マントル）に近い方が低温**です。そのため、**熱の移動による対流**が起こります。この対流が生まれることで、**「磁場」**が生み出されました。地球は自転をしているので、対流はらせん状に流れます。すると、発電機のコイルに似たしくみになって、電流が発生します。これにより、**地球が電磁石のようになり、磁場ができた**のです〔**図2**〕。

磁場は宇宙空間へと伸び、磁気圏を形成します。磁気圏は、太陽からの危険な太陽風を防ぎ、さらに大気が宇宙へ散逸することも防いでいるのです。つまり、この磁場が生まれたことが、地球が生物の暮らせる惑星であることに大きく貢献しているのです。

地球の中身は岩石と金属が主成分

▶ 地球がコア（核）をもつまでの流れ〔図1〕

1 原始地球は、岩石と金属がどろどろに溶け合った球状のかたまりだった。

2 密度の高い溶けた金属が中心に沈殿。超高圧により中心の金属は固体化し内核となる。

3 密度の低い溶けた岩石はコアの上部に位置し、次第に冷えて表面に固体の岩石の層をつくる。

内部コア 鉄などの金属。高温だが、高い圧力のため固体になっている。

外部コア 鉄などの金属。高温でどろどろの液体になっている。

マントル 岩石。固体の部分と、固体と液体の混じった部分がある。

地殻 岩石の層。8〜40 kmの厚さ。

▶ 地球の磁気圏のしくみ〔図2〕

液体の外部コアが対流することで、電磁石のしくみにより磁場が発生し、地球を取り囲む磁気圏ができた。現在も外部コアは対流しているので、磁場は保たれている。

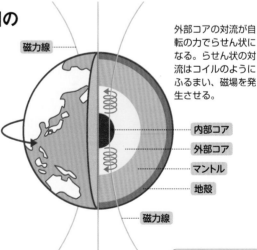

外部コアの対流が自転の力でらせん状になる。らせん状の対流はコイルのようにふるまい、磁場を発生させる。

磁力線

内部コア
外部コア
マントル
地殻
磁力線

Q 地球の自転はずっと同じ速度？ それとも変化している？

地球はずっと自転を続けています。1回転する速度は、8万6,164秒（23時間56分4秒）といわれています。地球はこのまま同じ速度で回り続けるのでしょうか？　もしくは、速くなったり、遅くなったりするのでしょうか？

回転が甘い！

くるっ

地球の自転を考えるには、**回転と摩擦の関係**を考える必要があります。そこでまずは、コマを例に考えてみましょう。

普通のコマを机の上で回すと、最初は勢いよく回転しますが、だんだん速度が遅くなり、やがて止まります。これは、**空気や地面の摩擦によるもの**です。一方で、コマを途中でたたく「ぶちゴマ」と

いうコマだと、コマは加速して回転を続けます。つまり、**外部から力が加わると、回り続ける**ことができるのです。

摩擦力がブレーキになる

回転は遅くなる
接地点や大気との摩擦でコマの回転は次第に落ちる。

回り続ける
ぶちゴマは外部の力を加え回転を維持できる。

　しかし、**地球に外部から回そうとする力は加わっていません。**ということは、地球の自転が速くなることはありません。

　一方で、**地球に摩擦ははたらいているでしょうか。**実は、はたらいています。海には潮の満ち引きがありますが、これは海水が月の引力の影響を受けて移動しているという現象。このとき、海水と海底との間に摩擦が起こり、**地球の自転にブレーキをかけています。**

地球の自転は遅くなる

1 月の引力で地球の海水をふくらませ、地球自体も変形（潮汐力）。

2 地球は1日1回転するため、絶えず移動する海水と海底とで摩擦が生じる。

3 摩擦力で自転は遅くなり、1日はどんどん長くなる！

月　月の引力　潮汐力　地球　自転　潮汐力　摩擦力　海水

　つまり、地球の自転速度はだんだん遅くなっているのです。ちなみに5万年に1秒の割合で1日は長くなり、1億8,000万年後には1日25時間になるなど、どんどん長くなっていく計算です。

太陽系の疑問あれこれ **2章**

33

現在までの地球に
どんなことが起きた?

なるほど！ 生命の誕生と陸地の形成、
全球凍結（スノーボールアース）も起きていた！

　原始地球が誕生してから現在まで、どんな歴史があったのでしょうか？　生命の誕生は、38億年ほど前とみられています。このころにはすでに海があり、生命は**海底の熱水噴出孔付近**で誕生したと考えられていますが〔**図1**上〕、まだまだわからないことも多いのです。例えば、宇宙から生命のもとが降ってきた説や、火山活動によって陸で生じる温泉水の方が、海底よりも「生命のゆりかご」としての条件が整っていたという説もあります。

　火山活動でマグマが地上へ噴き出すことで、陸地は次第に広くなりました。陸地は移動、合体、分裂をくり返し、**3億年ほど前には現在の大陸が1つにまとまった超大陸があった**ようです〔**図1**下〕。

　途中で、地球環境の暴走ともいえるできごともありました。**全球凍結（スノーボールアース）**です。大陸の分裂にともなって海が新しくできると、その地域に雨をもたらし、二酸化炭素を吸収します。**大気中の二酸化炭素が減ることで温室効果が減り、地球が寒冷化した**のです。白い氷が地球の表面に増え、太陽光を反射しました。そのため寒冷化に拍車がかかり、全球凍結したと考えられています。その後は火山活動により再び二酸化炭素が増えて温暖化しました〔**図2**〕。地球は、こうしたことをくり返して現在に至りました。

生物は深海や海底火山で生き続けた

▶ 生命の発生と大陸の形成〔図1〕

生命の発生

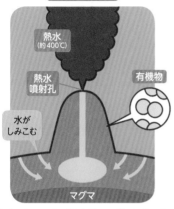

熱水
(約400℃)

熱水
噴射孔

有機物

水が
しみこむ

マグマ

海底にしみこんだ海水が、マグマに熱せられ、熱水噴出孔から噴き出す。海水が地下の岩石と化学反応を起こし、生命の源となる有機物が生まれたという説がある。

大陸地殻の形成

マントルが溶けたマグマが地表に噴き出て固まり、陸地が形成された。陸地は移動、合体、分裂、再形成を数億年単位でくり返し、現在の大陸の形に至る。

▶ 全球凍結とは〔図2〕

1
新しくできた海が大気の二酸化炭素を吸収。温室効果が減って寒冷化し、地球が極地から凍りはじめる。

2
白い氷が太陽光を反射することでさらに気温が下がる。陸地が3,000m、海が1,000mほど凍ったという。

3
全球凍結しても、火山活動は行われ、海底の熱水の出る近辺では生物が生き続けた。

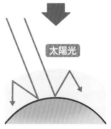

太陽光

4
海底火山から噴き出た二酸化炭素が大気に増えて温室効果が復活。大気が太陽の熱を蓄積し、氷を溶かした。

太陽系の疑問あれこれ **2章**

34 [地球] どうして地球に生命が生まれたのか？

なるほど！ 地球は、**液体の水**が存在することのできる「**ハビタブルゾーン**」にあるから！

なぜ、地球には生命が存在するのか。よく**「水があるから」**といわれていますが、なぜ水がそれほど重要で、地球には運よく水があるのでしょうか？

地球に運よく水がある理由は、宇宙において地球が**「ハビタブルゾーン（生命居住可能領域）」**と呼ばれる位置にあるためです。ハビタブルゾーンとは、水が液体でいられる、1気圧で0〜100℃という温度条件にある、**太陽からの距離がほどよいエリア**のことを指します〔**右図**〕。

太陽系のハビタブルゾーンは、金星の外側から火星の手前まで。太陽系には惑星が8つありますが（➡P74）、**その中でハビタブルゾーンにある惑星は、地球だけ**なのです。ちなみに、月もハビタブルゾーンにありますが、大気がありません。月ができた当初には水もあったようなのですが、宇宙空間へ逃げてしまいました。

では、水はどうしてそこまで生命にとって貴重なのでしょうか。それは、**呼吸、消化、運動などの生命活動が、すべて水を舞台とした化学反応で成り立っている**ことが大きな理由です。さらに水は、血液として体内で循環して、酸素、二酸化炭素、栄養などを運搬する役割ももっているのです。

太陽からの距離が絶妙な地球

▶ ハビタブルゾーンとは?

生命居住可能領域のこと。液体の水が、天体表面に安定して存在できることが条件となる。

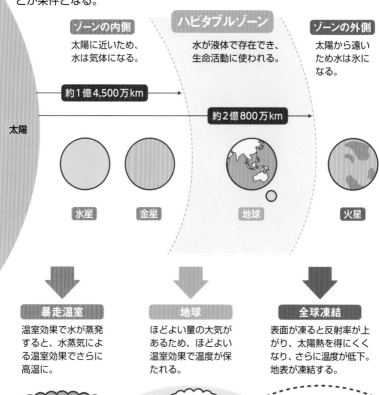

ゾーンの内側
太陽に近いため、水は気体になる。

ハビタブルゾーン
水が液体で存在でき、生命活動に使われる。

ゾーンの外側
太陽から遠いため水は氷になる。

約1億4,500万km

約2億800万km

太陽

水星　金星　地球　火星

暴走温室
温室効果で水が蒸発すると、水蒸気による温室効果でさらに高温に。

地球
ほどよい量の大気があるため、ほどよい温室効果で温度が保たれる。

全球凍結
表面が凍ると反射率が上がり、太陽熱を得にくくなり、さらに温度が低下。地表が凍結する。

太陽系の疑問あれこれ **2**章

空想科学特集 4

どれくらいの隕石が落ちると人類はやばい？

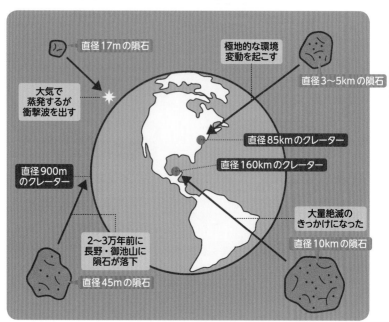

- 直径17mの隕石
- 大気で蒸発するが衝撃波を出す
- 極地的な環境変動を起こす
- 直径3〜5kmの隕石
- 直径85kmのクレーター
- 直径160kmのクレーター
- 直径900mのクレーター
- 大量絶滅のきっかけになった
- 直径10kmの隕石
- 2〜3万年前に長野・御池山に隕石が落下
- 直径45mの隕石

　この100年間で地球の地上への隕石落下は約600回、海上も入れると約4,000回と見積もられています。さて、どのくらい大きな隕石なら、生物は致命的なダメージを負うのでしょうか。

　科学者たちは、地球の軌道との最短距離が748万km以内で、直径140m以上の小惑星を、**「潜在的に危険な小惑星」**（PHA）と呼び、監視しています。**直径140mの隕石でも地上に落ちれば数kmにわたるクレーターをつくり、海に落ちれば津波を起こすレベルの被害**が出るでしょう。現時点で**PHAは2,000個ほどある**推計です。

地球に被害を与えたおもな隕石

名前	隕石の大きさ	クレーター	解説
チェリャビンスク隕石	直径約17m	上空30〜50kmで爆発	2013年、ロシア・チェリャビンスク州上空で爆発。超音速で通過する衝撃波で半径50kmでガラスが割れ、多くの人が転倒した。
バリンジャー・クレーター	直径30〜50m	直径約1.6km	4万9,000年前、現在のアメリカのコロラド高原に落下。衝突地点から約3〜4km以内の動物は死滅、約10kmの範囲で火災が起きた。
リースクレーター	直径約1km	直径約26km	約1,450万年前、現在のドイツのバイエルン州に落下。地面は2万℃以上の熱と圧力を受けたという。450km先まで砂岩が散った。
チェサピーク湾クレーター	直径3〜5km	直径約85km	約3,500万年前、現在のアメリカのバージニア州チェサピーク湾に落下。高さ450mの津波が発生し約500km離れたブルーリッジ山脈に到達。
チクシュルーブクレーター	直径約10km	直径約160km	約6,550万年前、現在のメキシコのユカタン半島に落下。衝突地点でマグニチュード10以上の地震が発生、恐竜など全生物の75%が絶滅。

仮に直径17mの隕石でも、角度によっては都市上空を通過する衝撃波だけでも街にダメージを与えるほどの威力があります。

恐竜の絶滅は隕石によるものとする説がありますが、**このときの隕石の直径は約10km**。落下の衝撃で周囲の地面が蒸発、数百km四方の火災、マグニチュード10以上の巨大地震、数百mの津波を引き起こしました。実は、隕石落下は大量絶滅の引き金に過ぎず、この直後に起きた❶太陽光遮断（大気にまき散らされた数千億トンの粉塵が原因）❷酸性雨　❸温暖化（大量に温室効果ガスが放出）❹紫外線増加（オゾン層破壊が原因）が組み合わさって、徐々に全生物の75%を死に絶えさせたとみられています。つまり、このレベルの隕石落下があると、生物は絶滅の危機にさらされます。

現在PHAには直径7kmの隕石が確認されています。この隕石が落下したら100km超のクレーターができ、環境変動を引き起こすでしょう。❶〜❹を起こすきっかけにもなります。**つまり直径7kmの隕石でも、生物に致命的なダメージを与える可能性**があるのです。

太陽系の疑問あれこれ **2章**

月はどうやって
誕生したの?

なるほど!
いろいろな説があるが、
ジャイアント・インパクト説が有力!

　月はどのように誕生したのでしょうか? **「兄弟説」「親子説」「他人説」**〔**右図**②〜④〕など昔からさまざまな説が論じられてきました。

　その中では、**「ジャイアント・インパクト説**〔**右図**①-1〕」が有力です。**テイアと呼ばれる火星ほどの小惑星が原始地球に衝突し、そのかけらで月ができたとする説**です。激しい衝突によって、衝突したテイアのかけらと、原始地球から吹き飛んだマントルの成分が、原始地球のまわりにまき散らされました。多くは地球に落ちてきましたが、一部はお互いの引力でかたまりをつくり、それが月となりました。コンピュータによる再現実験によると、実際の月と同じような衛星ができることがわかっています。

　しかし、火星ほどの小惑星が衝突すると、月の成分の5分の4ほどが地球の成分に由来し、5分の1ほどが衝突天体に由来することになります。ですが、実際は月と地球の成分はほぼ同じなのです。

　そこで、2016年から**「複数衝突説**〔**右図**①-2)」も唱えられるようになりました。大きな小惑星が1回衝突したのではなく、**微惑星が20回ほど衝突したとする説**です。微惑星が何度も衝突したと考えると、月と地球がほぼ同じ成分になることもあり得るため、ジャイアント・インパクト説での矛盾が解消されるのです。

月が誕生した理由は不明である

▶ 月の誕生に関するさまざまな学説

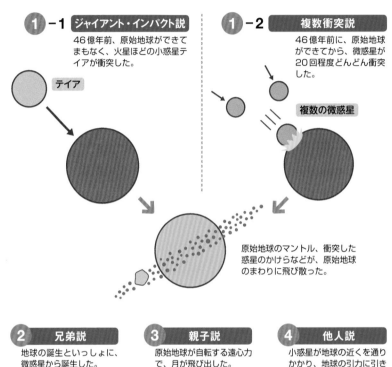

1-1 ジャイアント・インパクト説

46億年前、原始地球ができてまもなく、火星ほどの小惑星テイアが衝突した。

テイア

1-2 複数衝突説

46億年前に、原始地球ができてから、微惑星が20回程度どんどん衝突した。

複数の微惑星

原始地球のマントル、衝突した惑星のかけらなどが、原始地球のまわりに飛び散った。

2 兄弟説

地球の誕生といっしょに、微惑星から誕生した。

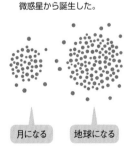

月になる　　地球になる

3 親子説

原始地球が自転する遠心力で、月が飛び出した。

原始地球から月が分離

4 他人説

小惑星が地球の近くを通りかかり、地球の引力に引き寄せられて月となった。

小惑星をキャッチ

太陽系の疑問あれこれ **2章**

36
[月]

月はなぜ
地球のまわりを回る？

なるほど！

原始地球と小惑星が衝突し、
月の"もと"が飛び散って回転をはじめた！

　月はなぜ、地球のまわりを回っているのでしょうか？　その理由には、月の誕生から見ていく必要があるので、<u>**ジャイアント・インパクト説**</u>（➡P104）に基づいて考えてみましょう。

　原始地球に、火星ほどの大きさの<u>**小惑星テイア**</u>が衝突。小惑星が、原始地球の内部まで食いこむほどの大きな衝突です。原始地球のマントルのかけら、ガス、水蒸気となった水は、粉々になった小惑星とともに、地球のまわりに飛び散りました。

　<u>**地球から飛び出した大量のかけらやガスは、地球の自転に合わせて回転**</u>します。そしてそれらは、お互いの引力で引き合って合体し、月へと成長しました。そのため、<u>**月になってからも、引き続き地球のまわりを回転するようになった**</u>のです。

　できたばかりの月には微惑星が降り注ぎ、熱で表面が溶けましたが、衝突がおさまるにつれ、表面は冷えていきました。内部も放射性元素の崩壊により、熱で溶けました。溶岩が地上に噴き出る火山活動が約7億年続きましたが、約30億年前に終わり、その後は内部まで冷え、現在の月の姿になったのではといわれています。

　また、テイアが衝突したことで、地球の地軸の傾きが変わったともいわれています。

小惑星の衝突で月は回りはじめた

▶ かけらの飛び散った方向へ回転した

小惑星がななめから原始地球に激突したことが、その後の地球と月の運動に大きな影響を与えた。

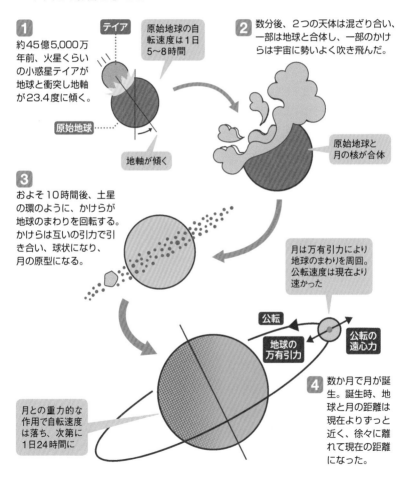

1
約45億5,000万年前、火星くらいの小惑星テイアが地球と衝突し地軸が23.4度に傾く。

テイア

原始地球の自転速度は1日5〜8時間

原始地球

地軸が傾く

2 数分後、2つの天体は混ざり合い、一部は地球と合体し、一部のかけらは宇宙に勢いよく吹き飛んだ。

原始地球と月の核が合体

3
およそ10時間後、土星の環のように、かけらが地球のまわりを回転する。かけらは互いの引力で引き合い、球状になり、月の原型になる。

月は万有引力により地球のまわりを周回。公転速度は現在より速かった

公転

地球の万有引力

公転の遠心力

4 数か月で月が誕生。誕生時、地球と月の距離は現在よりずっと近く、徐々に離れて現在の距離になった。

月との重力的な作用で自転速度は落ち、次第に1日24時間に

37
[月]

潮の満ち引きの原因が月の影響というのは本当？

 なるほど！ 月の引力と、地球の遠心力で、海の満ち引きが引き起こされている！

潮の満ち引きは月のせい──。そんな話を聞いたことがあるかと思いますが、これはどういった原理なのでしょうか？

月の直径は、地球の直径の約4分の1もあります。惑星の大きさに対してこれほど大きな衛星は、太陽系でほかにはありません。それだけ、地球に及ぼす影響も大きくなるのです。

月と地球とは、お互いに引力によって引き合っています。月に向いている側の地球は、月に引っぱられます。これにより、海水が月の方に引っぱられ、海水面が盛り上がるのです。これが**満潮**です。

一方で、月と真逆側は月の引力の影響を受けないエリアに見えますが、こちらも満潮になります。これは、月と地球の共通の重心から生じる遠心力により海水面が盛り上がるから。つまり、月の引力と地球の遠心力により、満潮は起こるのです。

そして、月の見える方向に垂直な方向では、満潮の影響で水が少なくなり、**干潮**となります。

このような天体の形を引きのばす力を、**「潮汐力（ちょうせきりょく）」**といいます。太陽と地球と月とが直線上に並ぶ、満月や新月のときは、太陽と月の潮汐力が重なって、干満の差が激しくなります（**大潮**）。このとき、火山の爆発も起こりやすくなるといわれています。

引力 と 遠心力で海水面が上昇

▶ 潮汐力で起こる満潮・干潮

潮汐力には太陽の引力も影響するが、影響は月の半分以下。潮汐力は距離の3乗に反比例して減少するので、地球に近い月の影響の方が大きい。

満潮 海水面がもっとも高くなること。

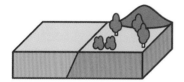

干潮 海水面がもっとも低くなること。

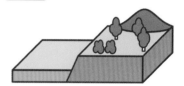

大潮

太陽と地球と月がこのような位置関係になると、満潮と干潮の海面の高さの差が一番大きくなる。

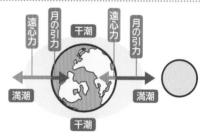

遠心力　月の引力　干潮　遠心力　月の引力

満潮　満潮

干潮

小潮

太陽と地球と月がこのような位置関係になると、満潮と干潮の海面の高さの差が一番小さくなる。

月の引力　満潮

遠心力

干潮　干潮

月の引力

遠心力　満潮

太陽系の疑問あれこれ **2**章

月がなくなると、地球はどうなる？

月がなくなると…

最終的には…

1 自転が変化しなくなる

地軸が不安定になり生物が滅亡するかも

今より多く小惑星が衝突するかも

2 地軸が不安定に

月は、実は地球から遠ざかっています。約45億年前に月が生まれたころ、地球と月の距離は約2万4,000kmでしたが、現在は約38万km。比べると**16倍以上も月は離れていっている**のです。

月の潮汐力により地球の自転は遅くなり、地球の自転が遅くなれば、月の軌道は遠ざかっていきます〔**右図**〕。月の公転半径が広がることで、月は地球から**年間3.8cmずつ遠ざかっている**のです。ただし、将来地球から月がどこかへ飛んでいくわけではありません。地球の自転周期と月の公転周期が一致したところで潮汐力によるブレーキがはたらかなくなり、それ以上に月は遠ざからなくなります。

もし月が地球の衛星でなくなると、どうなるでしょうか？　月がなくなると、**潮の満ち引きがなくなります**。また、月が存在するこ

月が遠ざかるしくみ

1 月の引力で海が変形。海は次第に変形し、ふくらんだ海ごと地球は自転していく。

2 海の変形による摩擦（潮汐摩擦）で地球の自転にブレーキ。地球のふくらみと月との間に引力が生じ、さらにブレーキ。

3 回転の運動量は保たれるため地球の自転が遅くなった分、月の公転半径が大きくなり月は遠ざかる。

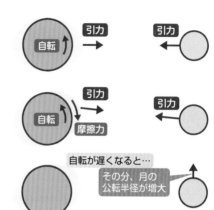

自転が遅くなると…
その分、月の公転半径が増大

とで地球の自転軸は安定していますが、月がないと**地球の地軸の向きが不安定**になり、想像できないほどの環境変動が起こる可能性があります。

月が小惑星から地球を守るガードの役割を担っているという見方もあります。月がなければ、今よりもっと多くの小惑星が地球に衝突するかもしれません。ちなみに月がなくなっても、地球の自転周期は現在のままにとどまると考えられます。

ところで、第2の月が現れる可能性はあるでしょうか？ 実際に、**ミニムーン**と呼ばれる、一時的に地球を周回する天体が現れることはあります。しかし、ミニムーンでは小さすぎて月のように地球の自転軸を安定させられません。月がない地球に、仮に月くらいの天体が飛んできたとしても、エネルギー保存の法則からそれが地球のまわりにとどまることはできません。衝突しない限り、また遠方に飛び去ります。地球にとっての月は、月しかないということです。

太陽系の疑問あれこれ **2**章

38
[月]

月ってどういうところ？クレーターがあるのはなぜ？

なるほど！

月は**暑いと100℃超、寒いと−170℃の世界**。**クレーター**は、無数の微惑星が衝突した跡！

月はどんな世界なのでしょうか？　**月面は真空**です。音は聞こえません。風も吹きません。**重力が地球の6分の1**なので、大気が宇宙空間へ逃げてしまったのです。太陽光のあたるところは、**温度が100℃以上になり、日かげでは−170℃くらいにまでなります。**

表面には、微惑星の衝突によってできた**クレーター**があります。大きいものは直径200kmを超え、その数は数万個にのぼります。大きさの違いは、衝突した微惑星の質量や速度によるものです。

微惑星が高速度で衝突すると、その衝撃によって生じる熱で衝突面は溶け、周囲は盛り上がります。溶けたところはやがて冷えて平らになって固まります。これがクレーターです。

月のクレーターのほとんどは、38〜41億年前にできたものと考えられています。ただし、月の裏側にある直径22kmのジョルダーノ・ブルーノが100〜1,000万年前のものであるように、比較的新しくできたクレーターもあります。

地球にも微惑星は無数に衝突しましたが、地殻変動や風雨による風化で、ほとんどが消えてしまいました。**月には大気がないので、隕石が大気との摩擦で消滅することも、風化することもないため**、でこぼこのクレーターがそのまま残っているのです。

月にクレーターは<u>数万個</u>ある

▶月とクレーター

クレーターは無数の微惑星の衝突によってできたもの。月の裏は表よりも隕石の落下が多いため、クレーターの数も多く、起伏も大きい。

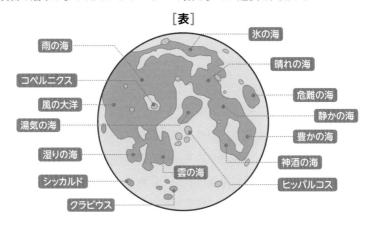

[表]

雨の海 / 氷の海 / 晴れの海 / コペルニクス / 危難の海 / 風の大洋 / 静かの海 / 湯気の海 / 豊かの海 / 湿りの海 / 神酒の海 / シッカルド / 雲の海 / ヒッパルコス / クラビウス

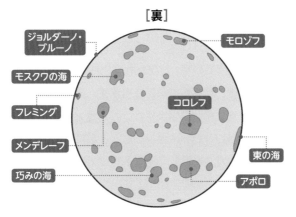

[裏]

ジョルダーノ・ブルーノ / モロゾフ / モスクワの海 / フレミング / コロレフ / メンデレーフ / 東の海 / 巧みの海 / アポロ

月にはクレーターが大小数万個ある。衝突した天体の速さと質量によって、クレーターの規模は変わる。

39 月面着陸って どんな感じでやるの？
[月]

ロケットが**月の軌道を周回**し、そこから**着陸船**で月面に着陸する！

　誰もが一度は憧れる月への宇宙旅行。実際のところ、月面着陸や月面からの帰還はどのように行うのでしょうか？　史上初めて、有人で月面着陸を行った**アポロ11号の行程**を紹介します〔**右図**〕。

　まず、ロケットは月の軌道まで行くと、半回転します。その状態でガスを噴射して減速します。**月の重力と遠心力とがつり合う速度になると、円軌道に乗る**ことができます。そうしてから、月に降り立つための着陸船を切り離すのです。

　月面への着陸は、着陸船で行います。着陸船には数名の飛行士が乗ります。着陸船は、着陸しやすい場所を見つけながら飛び、着陸地点を決定すると減速します。減速は逆噴射によって行い、緩やかに着地。ちなみにその間、ロケットは、月の軌道を周回しています。

　帰還のときは、着陸船で飛び立ちます。着陸船は軌道を回っているロケットとドッキングします。これを**ランデブー**といいます。着陸船の飛行士がロケットに乗りこむと、着陸船は捨てます。ロケットは半回転してガスを噴射、地球へ向けて帰路につくのです。

　ちなみに、アメリカ航空宇宙局（NASA）は、2028年までに**月面基地の建設**を開始する計画を発表しています。これにより、月面への着陸や調査は、より進むものと考えられています。

アポロ計画で人間が月面に着陸

▶ 有人月面着陸を行ったアポロ計画

アポロ計画は1966年にスタートしたが、1号で事故が起こってしまった。2、3号は欠番。4、5、6号で無人、7、8号で有人飛行を成功させた。9、10号で着陸船を積み、10号では無人着陸船が月面に降りた。そして1969年、アポロ11号で人類が初めて月面に立ったのだ。

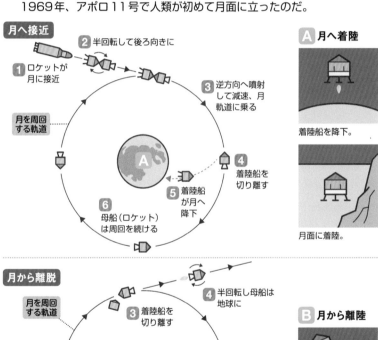

月へ接近

1 ロケットが月に接近

2 半回転して後ろ向きに

3 逆方向へ噴射して減速、月軌道に乗る

月を周回する軌道

4 着陸船を切り離す

5 着陸船が月へ降下

6 母船（ロケット）は周回を続ける

A 月へ着陸

着陸船を降下。

月面に着陸。

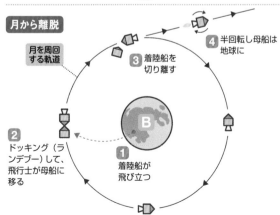

月から離脱

月を周回する軌道

4 半回転し母船は地球に

3 着陸船を切り離す

2 ドッキング（ランデブー）して、飛行士が母船に移る

1 着陸船が飛び立つ

B 月から離陸

着陸船の上段ステージのみを発射。

太陽系の疑問あれこれ **2章**

40
[月] 月にも地球のような
活用できる資源はある？

核融合炉の燃料に最適な**ヘリウム3**がある。
資源以外の活用法も考えられている！

　地球にエネルギー資源があるように、月にも活用できるような資源があるのでしょうか？　実は、月には豊富な資源があるとされていて、それを活用する方法も考えられているのです。

　月には**アルミニウム**、**チタン**、**鉄**などが豊富ですが、**ヘリウム3**という物質が注目されています。**ヘリウム3は核融合炉の燃料に最適な資源で、百万トン近くある**と考えられています。ヘリウム3が1万トンあれば、全人類の100年分のエネルギーをまかなえるとも計算されています。また、月の赤道に沿って月面を1周する**太陽電池（ソーラーベルト）**を設置する計画もあります。月には雲がないため、周回するソーラーベルトは絶え間なく発電を続けられます。

　ただ、月から地球に資源をもち帰る方法は、費用とエネルギーがかかりすぎてしまうため、今のところ計画の実現の目途は立っていません。**資源をもち帰るのではなく、月面上で活用する方法**の方が、実現の可能性が高いのではと考えられています。

　資源以外にも、月の活用は考えられています。月の裏側では地球からの電磁波がさえぎられるため、**電波望遠鏡での観測**が考えられるほか、月の重力が地球の重力の6分の1であることに着目して、作物を大きく育てる計画などもあります。

月ならではの環境に目をつける

▶月の資源や活用法

月発電

月にはヘリウム3（➡P81）が豊富で、ムダのない「理想的な核融合炉」で発電できる。月表面は1年中太陽光があたるため、ソーラー発電も効率がよい。エネルギーの伝送は、月から地球へのレーザーの照射で行う。

天体観測

月の裏面は、天体観測には理想の場所。曇りのときがなく、大気がじゃまにならない。また地球から放射されるさまざまな電波を月がさえぎるため、電波望遠鏡の観測に最適である。

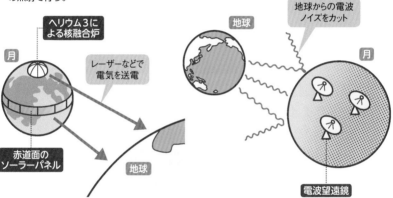

ヘリウム3による核融合炉

月

レーザーなどで電気を送電

赤道面のソーラーパネル

地球

地球

地球からの電波ノイズをカット

月

電波望遠鏡

資源利用

アルミニウム、チタン、鉄が豊富なので、将来、月に精製工場をつくる計画もある。

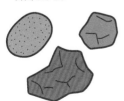

レゴリス

レゴリス（月表面の砂）は、ヘリウム3のほか、酸化鉄、酸素なども多く含まれているとみられる。

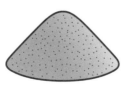

大きな食材

重力が地球の6分の1なので、作物などを大きく育てられると期待されている。

41
[月]

月が満ち欠けするのは どういうしくみ？

　ある日、満月が出たとすると、次の日からだんだん欠けていきます。そして、月の出ない日になります。でもその後はだんだん丸くなっていきます。なぜこのように満ち欠けするのでしょうか？

　観察すると、**約29.5日ごとに同じ変化をくり返す**ことがわかります。**これは月と太陽の位置関係が同じになる周期が約29.5日だから**です（→P121）。月は自ら光を出しません。太陽の光に照らされている部分が明るくなっているのです。つまり月の日なたです。太陽の光のあたっていないところは、日かげで黒く見えます。宇宙空間の黒い色と同じため、月が欠けているように見えるのです。月が地球を回る軌道のどこにいるかによって、日なたと日かげの割合は変わります。これが**月が満ち欠けする理由**です〔**図1**〕。

　地球は西から東へ向かって自転しています。そのため、太陽も月も、東から昇って西へ沈むように見えます。例えば満月のとき、太陽は地球をはさんで月と反対側にあります。そのため、太陽が沈む夕方、満月は東の空から顔を出します。また三日月の場合は、太陽に近い方角にあります。だから三日月が見えるのは、夕方、太陽が沈むころの西の空です〔**図2**〕。**月が出る時刻も、空に滞在している時刻も、日ごとに変わる**のです。

▶地球から見た月の、太陽の光のあたり方〔図1〕

図の左側からあたる太陽の光は、月の左側だけを照らしている。この月をどの角度から見るかによって、地球から見た月の形が変わる。

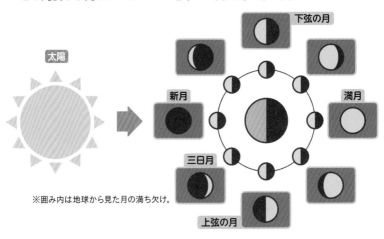

太陽

下弦の月

新月

満月

三日月

上弦の月

※囲み内は地球から見た月の満ち欠け。

▶日の入りのときの月の形と見える方角〔図2〕

太陽が沈んだとき、月がどこにあるかによって月の形は決まっている。

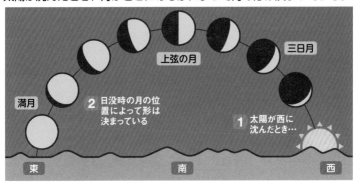

満月

上弦の月

三日月

2 日没時の月の位置によって形は決まっている

1 太陽が西に沈んだとき…

東　　　　南　　　　西

119

Q 月で暮らした場合、 1日の長さはどうなるの?

| 1日が長くなる | or | 地球と 変わらない | or | 1日が短くなる |

将来的に、人類も月で生活するかもしれません。そうすると、月での1日はどんな感じになるのでしょうか? 地球では太陽が昇って翌日に太陽が昇るまで、1日は24時間ですが、月も同じなのでしょうか? それとも、地球よりも長いのでしょうか?

　地球の1日とは、太陽が真南に昇り、さらに翌日太陽が真南にくるまでの時間です(真南にくることを**南中**といいます)。地球の自転によって、24時間で昼夜は変わっていきます。

　さて、果たして月の1日の長さはどうなのでしょうか? 将来的には人類が月で生活するかもしれないので、考えてみましょう。

月は自転と公転の周期が同じなので、地球に常に同じ面を向けています。**月の1日とは、月が地球のまわりを1周する時間**となり、月に太陽が南中してから次に南中するまでは、地球の時間で**約29.5日**かかります。答えは地球と比べて「1日が長くなる」です。

実は月が地球のまわりを1周しても太陽は真南に戻りません。月が1周する間、地球の公転により太陽との位置関係が変わるためです。太陽の南中まで月は約2日分余計に公転する必要があるのです。

ちなみに、月面での暮らしはどんな感じになるのでしょうか？月面では気温**110℃の昼が約2週間**、その後**-170℃の夜が約2週間**続きます。大気がないため、いきなり地平線からまぶしい太陽が顔を出します。青空はなく、常に空は暗く星もまたたきません。

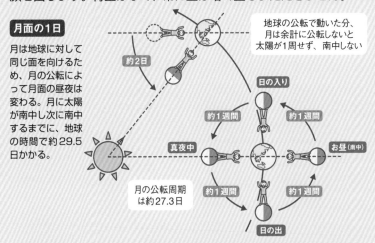

月面の1日

月は地球に対して同じ面を向けるため、月の公転によって月面の昼夜は変わる。月に太陽が南中し次に南中するまでに、地球の時間で約29.5日かかる。

地球の公転で動いた分、月は余計に公転しないと太陽が1周せず、南中しない

約2日

日の入り

約1週間　　約1週間

真夜中　　お昼(南中)

月の公転周期は約27.3日

約1週間　　約1週間

日の出

観測地点が同じなら、**月面から見る地球の位置は変わりません。**その大きさは地球から見る月と比べると約4倍に見え、約1か月周期で満ち欠けをくり返すのです。月での生活、一度体験してみたいものですが、生活するには相当の覚悟が必要かもしれませんね。

太陽系の疑問あれこれ **2章**

42 [月] 月食、日食って どんなしくみ？

なるほど！ 太陽、地球、月の位置関係によって、それぞれが隠れたりするために起こる現象！

満月がみるみるうちに欠けていったり、太陽が欠けて見えるような現象が、年に何回か起こります。これは、前者が月食、後者が日食です。なぜこのような現象が起こるのでしょうか？

月食は、月が地球の影に入る現象です〔**図1**〕。月の一部が影に入るのが**部分月食**、すっぽりと全部影に入るのが**皆既月食**です。満月のときは、太陽と地球と月が直線上に並びますが、常に月食が起こるわけではありません。月が地球を回る公転軌道は、地球が太陽を回る公転軌道に対して、約5°傾いているため、月は地球の影になる場所からたいてい微妙にずれているからです〔**図1**〕。

日食は、太陽が月に隠される現象です〔**図2**〕。太陽の一部が隠されるのが**部分日食**、完全に隠されるのが**皆既日食**です。太陽と月の、地球からの見かけの大きさがほぼ同じであるために、こうした現象が起こります。

ただし、月の公転軌道は楕円で、地球との距離は約36〜40万kmで変化するため、地球から遠ざかったときは、見かけの大きさが若干小さくなります。そのため、そのときの日食は、月が太陽の全部を隠さず、太陽のまわりが指輪のように光ります。これを**金環日食**といいます。

月と地球の影が起こす現象

▶ 月食は、月に映った地球の影〔図1〕

地球をはさんで、太陽と月が正反対の方向にあるときに起こる。

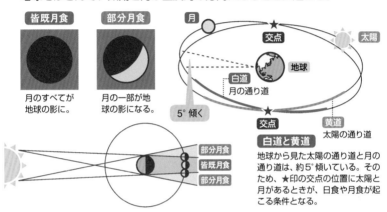

皆既月食
月のすべてが地球の影に。

部分月食
月の一部が地球の影になる。

白道と黄道
地球から見た太陽の通り道と月の通り道は、約5°傾いている。そのため、★印の交点の位置に太陽と月があるときが、日食や月食が起こる条件となる。

▶ 日食は、月が太陽を隠す現象〔図2〕

観測者と太陽を結ぶ直線上に月が来たときに起こる。

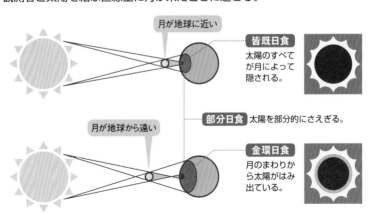

月が地球に近い

皆既日食
太陽のすべてが月によって隠される。

部分日食 太陽を部分的にさえぎる。

月が地球から遠い

金環日食
月のまわりから太陽がはみ出ている。

太陽系の疑問あれこれ **2章**

43 "水"星だけど水はない？ 水星のしくみと特徴

[太陽系惑星]

なるほど！

太陽側は430℃に達するほどの高温。
液体の水は存在しないが、氷はある！

水星は、**太陽系の中で太陽に最も近い惑星**で、水星から見る太陽は、地球から見る太陽の３倍近くに見えます。太陽に照らされている側は、**日中は430℃**にもなりますが、大気がほとんどないため熱は保たれず、夜になると温度は−160℃にまで下がります。

水星の自転は遅く、**水星と太陽の位置関係は２回の公転で１回だけ変化**します。つまり、水星の１日の時間は、水星の公転２回分にあたります。地球の時間でいうと、**１日が約176日**になります。

一方で、水星の公転は速く、地球の時間でいうと**約88日で太陽をひと回り**します。そのスピードから、伝令の神マーキュリーの名前がついたとされます。日本語名が水星となったのも、太陽のまわりを目まぐるしく動く様子から、「水」が連想されたからといいます。

名前には「水」とついていますが、**水星には液体の水は存在しません**。ごく薄い大気があり、その中に水蒸気がわずかに含まれているだけです。しかし、極地のクレーターの太陽光のあたらないところに、氷が存在することが、探査機の調査で確認されています。

表面には、月と同じようにたくさんのクレーターがあります。**最大は、カロリス盆地と呼ばれるクレーター**で、直径は約1,300km。**水星の直径の約４分の１にあたります**。

寒暖の差が激しく極地には氷がある

▶ 水星の特徴

小さい惑星なので重力が小さく、大気を引きつけておけない。

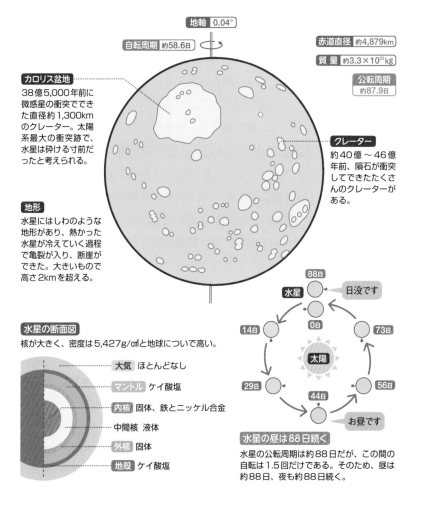

地軸 0.04°

自転周期 約58.6日

赤道直径 約4,879km

質量 約3.3×10^{23} kg

公転周期 約87.9日

カロリス盆地
38億5,000年前に微惑星の衝突でできた直径約1,300kmのクレーター。太陽系最大の衝突跡で、水星は砕ける寸前だったと考えられる。

クレーター
約40億～46億年前、隕石が衝突してできたたくさんのクレーターがある。

地形
水星にはしわのような地形があり、熱かった水星が冷えていく過程で亀裂が入り、断崖ができた。大きいもので高さ2kmを超える。

水星の断面図
核が大きく、密度は5,427g/㎤と地球についで高い。

- **大気** ほとんどなし
- **マントル** ケイ酸塩
- **内核** 固体、鉄とニッケル合金
- **中間核** 液体
- **外核** 固体
- **地殻** ケイ酸塩

88日　水星

日没です

14日　0日　73日

太陽

29日　44日　56日

お昼です

水星の昼は88日続く
水星の公転周期は約88日だが、この間の自転は1.5回だけである。そのため、昼は約88日、夜も約88日続く。

125

44

地球に近いが灼熱地獄？
金星のしくみと特徴

 なるほど! 大気はあるが、その中は**超高温**。
厚い雲からは**硫酸が降り注ぐ**ような世界!

　金星は、地球のとなりにある惑星です。地球と大きさも密度もよく似ていて、兄弟惑星と呼ばれてきました。しかし実際のところ金星は、地球とはかなり違う特徴をもった惑星です。

　金星は**表面温度が460℃を超える灼熱の世界**です。**濃い大気**があり、地球の大気の約100倍もの重さがあります。しかし酸素はなく、その96％は二酸化炭素です。そのため、強い温室効果が起こり、より太陽に近い水星の昼よりも高温になっているのです。空は**厚い硫酸の雲**におおわれ、常に硫酸の雨が降って蒸発し、硫酸の大気に満ちています。とても生物の住める環境ではありません。

　金星も誕生したころには、地球と同じように液体の水がありました。しかし、地球よりも4,200万kmほど太陽に近いため、水はほとんど水蒸気になってしまったのです。

　金星の公転周期は約225日ですが、**自転周期は約243日と極端に遅いスピード**です。おもしろいことに、**自転の向きが地球とは逆**です。小惑星の衝突の影響で地軸がひっくり返った説などもありますが、その原因はよくわかっていません。

　ちなみに、地球から見ると、金星は明け方と夕方に明るく輝いています。これは、厚い雲が太陽光をよく反射しているためです。

二酸化炭素の温室効果で高温に

▶ 金星の特徴

二酸化炭素が主成分の大気があり、硫酸の厚い雲におおわれている。

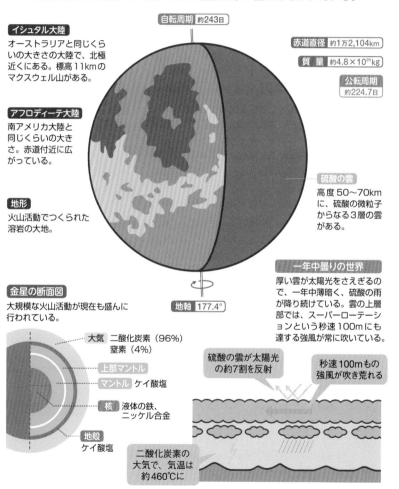

自転周期 約243日

赤道直径 約1万2,104km

質量 約4.8×10^{24}kg

公転周期 約224.7日

イシュタル大陸
オーストラリアと同じくらいの大きさの大陸で、北極近くにある。標高11kmのマクスウェル山がある。

アフロディーテ大陸
南アメリカ大陸と同じくらいの大きさ。赤道付近に広がっている。

地形
火山活動でつくられた溶岩の大地。

硫酸の雲
高度50〜70kmに、硫酸の微粒子からなる3層の雲がある。

地軸 177.4°

一年中曇りの世界
厚い雲が太陽光をさえぎるので、一年中薄暗く、硫酸の雨が降り続けている。雲の上層部では、スーパーローテーションという秒速100mにも達する強風が常に吹いている。

金星の断面図
大規模な火山活動が現在も盛んに行われている。

- **大気** 二酸化炭素（96%）窒素（4%）
- **上部マントル**
- **マントル** ケイ酸塩
- **核** 液体の鉄、ニッケル合金
- **地殻** ケイ酸塩

硫酸の雲が太陽光の約7割を反射

秒速100mもの強風が吹き荒れる

二酸化炭素の大気で、気温は約460℃に

45
[太陽系惑星]

生命が存在するかも？
火星のしくみと特徴

 なるほど！ **かつて海があった**ことが判明。
地下に**水と生命が存在する可能性**もある！

　ひと昔前、**火星には宇宙人が住んでいる**と話題になったことがありました。イタリアの天文学者スキャパレリが、1877年に火星表面に細い筋の模様を観測したことがきっかけ。その筋の濃淡が季節によって変化していることから、筋の模様は運河であり、それをつくった高等生物がいるのではないかと考えたのです。

　その後、探査機により、筋模様は運河ではなく地形のでこぼこで、高等生物も存在しないことが突き止められました。

　ところが1996年に、バクテリアの化石のように見えるものが見つかり、再び生命が存在する可能性が論じられるようになりました。そして今世紀になり、**液体の水が流れた証拠**（水流による崖の侵食など）や、少なくともかつては海があり、生命が誕生してもおかしくない環境だったという根拠（堆積岩のような岩石など）が見つかりました。そのため、**今も地下には水があり、生命が存在する可能性がある**と考えられています。

　火星の**平均気温は、約－50℃。地球の150分の1程度の薄い大気**があります。大気の成分の95％は二酸化炭素です。

　ちなみに、火星の名前の由来となった、表面の赤い色は、酸化鉄（赤くさびた鉄）が多く含まれていることによります。

二酸化炭素の薄い大気のある岩石の惑星

▶ 火星の特徴

地層や崖の侵食から、かつては液体の水があったと考えられている。

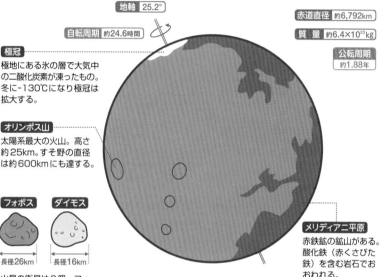

地軸 25.2°

自転周期 約24.6時間

赤道直径 約6,792km

質量 約6.4×10²³kg

公転周期 約1.88年

極冠
極地にある氷の層で大気中の二酸化炭素が凍ったもの。冬に-130℃になり極冠は拡大する。

オリンポス山
太陽系最大の火山。高さ約25km。すそ野の直径は約600kmにも達する。

メリディアニ平原
赤鉄鉱の鉱山がある。酸化鉄（赤くさびた鉄）を含む岩石でおおわれる。

フォボス　長径26km

ダイモス　長径16km

火星の衛星は2個。フォボスとダイモスがある。

火星の断面図
基本的なつくりは地球と同じだが、核の温度は低い。

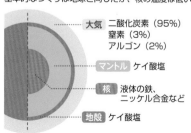

大気 二酸化炭素（95%）
窒素（3%）
アルゴン（2%）

マントル ケイ酸塩

核 液体の鉄、ニッケル合金など

地殻 ケイ酸塩

火星には海があった？

かつて火星には、地球のように濃い大気があった。気温も高く、液体の水が大量に存在したことがわかっている。地表には、水による堆積や侵食の跡があちこちに残されている。

海が消えた理由

火星から磁場が失われ、太陽風が大気を吹き飛ばし、水が宇宙空間に逃げたなど諸説ある。ただし、水はすべて宇宙に逃げたわけでなく、地下などに水が残っている可能性は高い。

太陽系の疑問あれこれ **2章**

改良すれば、火星に人類は住める?

火星基地に必要な施設

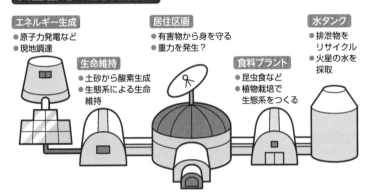

エネルギー生成
●原子力発電など
●現地調達

生命維持
●土砂から酸素生成
●生態系による生命維持

居住区画
●有害物から身を守る
●重力を発生?

食料プラント
●昆虫食など
●植物栽培で生態系をつくる

水タンク
●排泄物をリサイクル
●火星の水を採取

火星は**ハビタブルゾーン**（➡P100）に近く、条件次第では人も住めるのでは?とよく取りざたされています。しかし実際のところ、火星はそのままではとても人が住める環境ではありません〔**下表**〕。人が住むためには、**❶地表に火星基地をつくる ❷テラフォーミング（惑星地球化計画）**する、という方法が考えられます。

住みにくい環境の火星

●火星の気圧は0.006気圧と薄い。
●致死レベルの宇宙放射線にさらされる。
●平均気温は-60℃。
●夏の最高気温は35℃。
●冬の最低気温は-110℃。
●不毛の地（凍った極冠、砂漠、巨大な山）。
●過塩素酸塩など有害物質を含む土壌。
●地球～火星間の旅程は片道約200日。
●火星の重力は地球の3分の1。
●惑星をおおう砂嵐が起き太陽をさえぎる。

❶火星基地の場合は、空気を確保し、気温を保ち、宇宙放射線を

防ぐ住居、発電機、水と食料プラントが必要になります〔**左図**〕。ある程度の設備や材料は地球からもちこめますが、いずれは自給自足に移行しなければ、移住は続きません。そのため、火星にある土砂や水から、酸素や建物をロボットでつくる研究が、実際に進められています。ただ人は基地の外にほとんど出られず、ロボット任せの生活になりそうです。

❷**テラフォーミング**では、火星の気候を変えて、地球と同じような環境に改良・定住することを目指します。ひとつのアイデアとして、極冠の氷を溶かして大気中の水蒸気と二酸化炭素を増やし、温室効果で火星を暖める計画があります。およそ100年がかりの計画と見積もられ、実行しても地球の気圧に満たない計算もあり、さらに宇宙空間に大気が放出してしまう危険も残ります。しかし上手くいけば光合成生物と液体の水が現れ、気候は安定するでしょう。

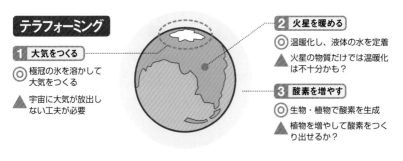

テラフォーミング

1 大気をつくる

◎ 極冠の氷を溶かして大気をつくる

▲ 宇宙に大気が放出しない工夫が必要

2 火星を暖める

◎ 温暖化し、液体の水を定着

▲ 火星の物質だけでは温暖化は不十分かも？

3 酸素を増やす

◎ 生物・植物で酸素を生成

▲ 植物を増やして酸素をつくり出せるか？

人が宇宙服を脱ぐには、さらに大気に酸素を増やす必要がありますが、これは**10万年もすれば達成できる見積もり**です。

そのほか、火星では十分な太陽エネルギーを得られない、弱い重力が人間に与える悪影響など、問題は山積みです。ですが、ひとつ一つの問題を解決し、火星移住への道を拓いていきたいですね。

46 火星と木星の間に 準惑星ケレスがいる?

[太陽系惑星]

なるほど！ 火星と木星の間には**何百万もの小惑星**があり、「**準惑星**」のケレスも発見された！

太陽から見て、火星の次にあるのは木星ですが、その間には、**無数の「小惑星」が広がる小惑星帯**があり、その中には**「準惑星」であるケレス**という天体もあるのです。

小惑星は、惑星と同様に太陽のまわりを回ります。そのほとんどは、直径（や長径）が10kmに満たない小天体です。火星の軌道と木星の軌道の間には、何百万もの小惑星が帯状に広がっています。太陽系が誕生したころに、ぶつかり合って**惑星になることのできなかった微惑星が集まっている**のです〔**図1**〕。

小さい天体は重力が小さいので球形になることがむずかしく、そのためほとんどの小惑星が、**ジャガイモのようないびつな形**をしています。2005年に探査機「はやぶさ」が着地した小惑星「イトカワ」も長細い形でした。

世界で最初に発見された小惑星は、直径939kmの**「ケレス」**でした〔**図2**〕。ケレスは、火星と木星の間の小惑星帯で見つかったのですが、2006年から準惑星に分類されています。太陽系の惑星とは、❶太陽のまわりを公転している　❷ほぼ球形をしている　❸惑星軌道近くからほかの天体を排除できている天体ですが、準惑星とは❸を満たさないものです。冥王星も準惑星に分類されます。

小惑星は、惑星になれなかった小天体

▶ 小惑星帯全体が、惑星と同じ方向に公転〔図1〕

小惑星帯はメインベルトとも呼ばれる。何百万もの帯状に広がった小惑星が、惑星と同じ方向に公転している。

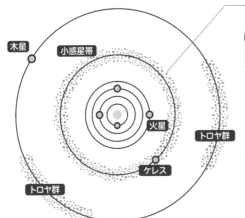

パラス

最大の小惑星はパラスで長径は約580km。小惑星帯には100km超の小惑星は200個以上あるとされる。

長径 580km

トロヤ群とは？

惑星の公転軌道上にある小惑星の集まり。軌道上にあるラグランジュ点（力学的に安定している場所）にあるため、惑星と小惑星群は衝突しない。

木星　小惑星帯　火星　トロヤ群　ケレス　トロヤ群

▶ 準惑星ケレスの特徴〔図2〕

1 標高3,900mのアフナ山という氷を噴き出す火山がある。

2 表面から水蒸気を噴き出すため、内部に氷の層があるとみられている。

3 表面には無数のクレーターがあり、クレーターの影の部分に氷が残るものも。

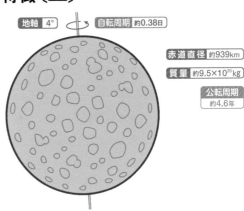

地軸 4°　自転周期 約0.38日

赤道直径 約939km

質量 約9.5×10^{20}kg

公転周期 約4.6年

47
[太陽系惑星]

強風が吹き荒れる惑星？
木星のしくみと特徴

 なるほど！ **超スピードの自転による強風が吹き荒れ、
アンモニアの雲が強風に乗って動く惑星！**

　木星は、太陽系で内側から5番目にあり、太陽系で一番大きな惑星です。**地球と比べると11倍**もの大きさがあります。**縞模様**が特徴ですが、**赤茶色の部分を縞、白っぽい部分を帯**と呼びます。この模様は、**アンモニアを主成分とした雲**によるものです。

　木星の**自転は非常に速く、10時間足らずで1回転**します。そのため木星の上空では、最大で秒速170kmもの強風が吹いているのです。強風は赤道に平行に吹いていますが、風向きは高緯度に向かうにつれ、縞模様ごとに入れかわります。白っぽい帯のところでは上昇気流が起こり、赤茶色の縞のところでは下降気流が生じています。目玉のような模様は渦で、風向きの変わるエリアに現れます。ひときわ目立つ渦は**大赤斑**と呼ばれ、地球の2倍以上の大きさです。

　木星のほとんどはガスでできており、その約90％が水素、10％がヘリウムです。これは太陽の組成とほぼ同じです。質量は地球の約318倍と太陽系で一番重い惑星で、もし木星の質量が今の80倍あったとしたら、太陽と同じように核融合をはじめて、恒星になっていただろうと考えられています。

　17世紀の科学者ガリレオは、自作の望遠鏡で木星に4つの衛星を見つけました。現在では**72個の衛星**が確認されています。

木星の風は赤道に平行して吹いている

▶ 木星の特徴

赤道と平行に縞模様がある。白っぽいところでは上昇気流が生じ、赤茶色のところでは下降気流が生じている。

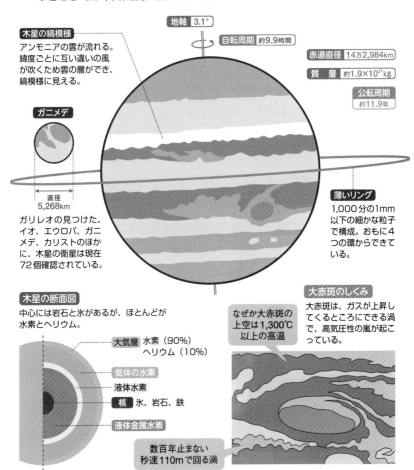

地軸 3.1°

自転周期 約9.9時間

赤道直径 14万2,984km

質量 約1.9×10²⁷kg

公転周期 約11.9年

木星の縞模様
アンモニアの雲が流れる。緯度ごとに互い違いの風が吹くため雲の層ができ、縞模様に見える。

ガニメデ
直径 5,268km

ガリレオの見つけた、イオ、エウロパ、ガニメデ、カリストのほかに、木星の衛星は現在72個確認されている。

薄いリング
1,000分の1mm以下の細かな粒子で構成。おもに4つの環からできている。

木星の断面図
中心には岩石と氷があるが、ほとんどが水素とヘリウム。

大気層 水素（90%） ヘリウム（10%）
気体の水素
液体水素
核 氷、岩石、鉄
液体金属水素

数百年止まない秒速110mで回る渦

大赤斑のしくみ
大赤斑は、ガスが上昇してくるところにできる渦で、高気圧性の嵐が起こっている。

なぜか大赤斑の上空は1,300℃以上の高温

巨大リングは薄っぺら？
土星のしくみと特徴

なるほど！ リングは**小さなリングが集まって**できている。
厚さは平均150mくらいしかない！

　土星といえば、何といっても**大きなリング（環）**が特徴です。リングの直径は約30万km。土星本体の2倍以上もの長さがあります。このリングは1枚の板のように見えますが、**実は無数の細かいリングの集まり**で、リングとリングの間にはすき間があります。

　リングはおもに**氷の粒**でできています。直径が数cmから数mの、砂や炭素が混じっています。リングの厚さはとても薄く、**平均して150m**ほど、最も厚いところでも、せいぜい500mくらいです。

　土星のリングは、小惑星や彗星などの衝突でできたという考えが有力です。つまり、土星の近くを飛んでいた天体が、土星の引力で引きつけられ、土星に衝突してくだけ散り、この大量のかけらが土星の赤道面に集まって環になった、とする考え方です。

　土星は、太陽系の中では木星に次いで大きな惑星です。土星本体はおもに水素でできているため、大きさの割にはとても軽く、もしも**土星を入れられる大きなプールがあれば、土星はぷかぷかと浮く**でしょう。

　土星の自転は約10時間と速く、そのため遠心力で10%ほど南北につぶれた形です。土星の北極には、謎の大きな六角形の模様があります。雲に生じる波の形ではないかとみられています。

厚さ平均150m、薄いリングのある惑星

▶ 土星の特徴

土星は木星に次いで大きな太陽系の惑星だが、密度は最小。表面に木星と同じような縞模様や渦巻模様がかすかに確認できる。

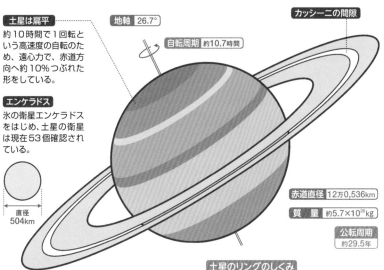

土星は扁平
約10時間で1回転という高速度の自転のため、遠心力で、赤道方向へ約10%つぶれた形をしている。

エンケラドス
氷の衛星エンケラドスをはじめ、土星の衛星は現在53個確認されている。

直径
504km

地軸 26.7°

自転周期 約10.7時間

カッシーニの間隙

赤道直径 12万0,536km

質 量 約5.7×10²⁶kg

公転周期
約29.5年

土星の断面図
ほとんどが水素でできているため、大変軽い惑星。

大気層 水素（96%）ヘリウム（3%）など

液体と気体の水素

核 氷、岩石、鉄

液体金属水素

土星のリングのしくみ
直径数cm～数mの氷の粒の集まり。その無数のリングがさらに集まっている。それぞれにすき間があり、「カッシーニの間隙」は最も広いすき間で、5,000km近い。

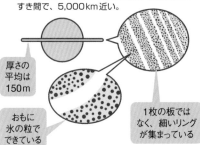

厚さの平均は150m

おもに氷の粒でできている

1枚の板ではなく、細いリングが集まっている

似たもの惑星？
天王星と海王星のしくみ

なるほど！

大きさ、形、色や組成が似た**氷の星**。
天王星は**横倒しで公転**している！

　天王星と海王星は、大きさや組成のよく似た双子のような惑星です。人間の肉眼では、土星から先の惑星は見られないため、**天王星**は望遠鏡の発達により、1781年にはじめて存在が知られました（発見者はイギリスの天文学者ハーシェル）。

　その後、**海王星**が理論的な予測によって発見されました。天王星の軌道を調べたところ、計算された位置とずれがあったため、天王星に重力的な影響を及ぼす惑星のようなものがあるとして、海王星の存在を予測。1846年には望遠鏡によって、予測された位置で海王星が見つかりました（発見者はドイツの天文学者ガレ）。

　直径は、**天王星が約5万1,100km**、**海王星が約4万9,500km**で、同じくらいといえます。どちらも水素とヘリウムの大気があります。大気の上層にはメタンが含まれるため、両者ともに青く見えます。また、どちらも**薄いリング（環）**をもっています。

　両者の異なる点は、天王星が**横倒しで公転**していることです〔**図1**〕。理由はわかっていませんが、大昔に原始惑星が衝突したことで自転軸が傾いたという説が有力です。

　また海王星の衛星トリトンは、海王星の自転方向と逆方向に公転している、珍しい**「逆行衛星」**です〔**図2**〕。

メタンを含む大気におおわれた氷の星

▶ 天王星は横倒しに公転 〔図1〕

自転軸が公転面に対して
90°以上も傾いている。

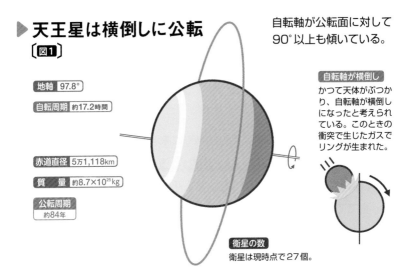

地軸 97.8°

自転周期 約17.2時間

赤道直径 5万1,118km

質 量 約8.7×10²⁵kg

公転周期
約84年

衛星の数
衛星は現時点で27個。

自転軸が横倒し
かつて天体がぶつかり、自転軸が横倒しになったと考えられている。このときの衝突で生じたガスでリングが生まれた。

▶ 海王星には逆行衛星トリトンがある 〔図2〕

海王星の衛星トリトンは、海王星の自転方向と逆に公転する「逆行衛星」。

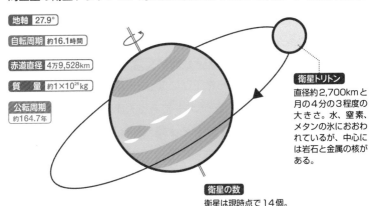

地軸 27.9°

自転周期 約16.1時間

赤道直径 4万9,528km

質 量 約1×10²⁶kg

公転周期
約164.7年

衛星トリトン
直径約2,700kmと月の4分の3程度の大きさ。水、窒素、メタンの氷におおわれているが、中心には岩石と金属の核がある。

衛星の数
衛星は現時点で14個。

太陽系の疑問あれこれ **2章**

50 惑星ではなく準惑星？
[太陽系惑星] 冥王星と太陽系外縁天体

なるほど！ 惑星として扱われていた**冥王星**は、「**太陽系外縁天体**」に含まれる**準惑星**に！

冥王星は、1930年に発見されて以来、惑星とされてきましたが、**2006年から「準惑星」として扱われる**ことになりました。冥王星は直径が約2,380kmで、月よりも小さい天体です。おもに氷と岩石でできていて、表面はメタンの氷でおおわれています。軌道はいびつな楕円で、公転周期は約248年です。

冥王星には、5つの衛星が見つかっています。その中でも最大の**衛星カロン**は、冥王星と性質が大きく異なる天体のため、別の場所で誕生したのではないかと考えられています。

現在、海王星の外側には、ドーナツ状の領域があることがわかっています。氷や岩石でできた、無数の小天体からなるこの領域は、「**エッジワース・カイパーベルト**」と呼ばれています。近年この領域で、**冥王星と同程度の大きさの天体がいくつも発見**されています。そのため、冥王星が惑星から格下げになったのです。

エッジワース・カイパーベルトにある天体を「**太陽系外縁天体**」といいます。現在発見されている太陽系外縁天体は1,000を超えていますが、実際の数は、さらにその1,000倍くらいにのぼるのではといわれています。冥王星くらいの大きさの準惑星には、ほかに、**エリス**、**ハウメア**、**マケマケ**などがあります。

▶ エッジワース・カイパーベルトの準惑星

海王星軌道（30AU）から55AU
までに分布する天体群。直径 100
km 以上の天体が数十万個あると
される。また、彗星が１兆個ある
と推定されている。

冥王星

衛星カロン

直径
1,172km

直径2,377km

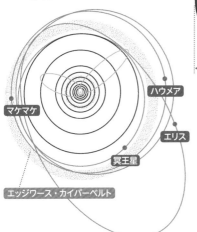

マケマケ

ハウメア

エリス

冥王星

エッジワース・カイパーベルト

冥王星の表面温度は-230℃くらい。メ
タンなどの氷におおわれている。その下
は水の氷、中心部は水を含んだ岩石でで
きている。カロンは冥王星の半分ほどの
大きさの衛星で、氷でおおわれている。
極には「モルドール」と呼ばれる謎の暗
い領域がある。

エリス

直径約2,400km

2005年に発見された。
公転周期は561年。

ハウメア

長径約1,920km

公転周期は282年。高速自
転のため、歪んでいる。

マケマケ

直径約1,400km

2005年に発見された。
公転周期は305年。

人工的に太陽はつくれるか？

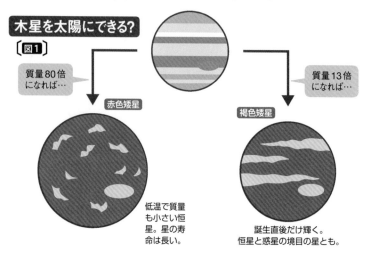

木星を太陽にできる？

[図1]

質量80倍になれば…

赤色矮星

低温で質量も小さい恒星。星の寿命は長い。

質量13倍になれば…

褐色矮星

誕生直後だけ輝く。恒星と惑星の境目の星とも。

　この太陽系において不可欠な「太陽」。科学が進めば、太陽を人工的につくり出すこともできたりするのでしょうか？

　太陽は、水素とヘリウムによる核融合反応によって莫大なエネルギーを放出しています。ですので、**太陽をつくるためには大量の水素とヘリウムが必要**です。それらの中心で約1,600度の高温と2,500億気圧の高密度をつくり出せれば、核融合がはじまって星は輝きはじめるでしょう。しかし、地球上にはもうひとつ太陽をつくるための水素とヘリウムが圧倒的に足りません。

　太陽をつくるには、質量も重要です。星の質量が太陽の8％以上ないと、水素での核融合反応が連続して起こらないといわれています。そこで、太陽系最大の惑星である**木星を太陽のようにする方法**なら

どうでしょうか。

　木星の質量は太陽の約0.1%なので、あと80倍ほど重くする必要があります。実は残りの太陽系惑星7つを足しても木星の質量には及ばないため、とても太陽の質量の8%には届きません。

　水素での核融合にこだわらなければ、重水素での核融合反応を起こす**褐色矮星**(かっしょくわいせい)を目指す手もあります。これなら**木星の13倍の質量さえあれば恒星になれます**。木星級の系外小惑星が、数十個ほど木星に衝突する可能性を待つことになりますが…〔**図1**〕。

　ブラックホールをつくり出せる技術があれば、木星に超小型のブラックホールを埋めこみ質量を増やす方法もあります。ただ、将来ブラックホールが成長するおそれがあり、おすすめできません。

　ちなみに現在、**「核融合発電」**というものも開発中です〔**図2**〕。いわば地球上にミニ太陽をつくり、そのエネルギーで発電するシステムです。この研究がさらに進めば、第2の太陽をつくり出せるかもしれませんね。

核融合発電のしくみ 〔図2〕

プラズマを1億度以上に熱すると重水素の核融合反応が起き、発電に利用できる。

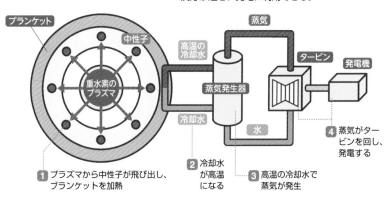

ブランケット
中性子
蒸気
高温の冷却水
タービン
発電機
重水素のプラズマ
蒸気発生器
冷却水
水

1 プラズマから中性子が飛び出し、ブランケットを加熱

2 冷却水が高温になる

3 高温の冷却水で蒸気が発生

4 蒸気がタービンを回し、発電する

143

51 惑星って、夜空でどうやって見つけるの？

[太陽系惑星]

なるほど！

水星・金星は太陽の近くを見る。火星・木星・土星は太陽の反対側を見ると見つかる！

　空を見ていても、なかなか惑星のようなものは見当たりません。それぞれどうやって探せば、惑星は見つかるのでしょうか？

　水星と金星は**「内惑星」**といい、**地球から見て太陽方向にある惑星**です。太陽から大きく離れることがないため、夜は見えません。見えるのは、明け方と日暮れの太陽光が弱いときです。**太陽と内惑星がもっとも大きく離れるとき（最大離角）が観察のチャンス**。水星は年に6回の最大離角が起きます。金星は起きない年もありますが、明るい星なので見つけやすいでしょう。

　火星、木星、土星は**「外惑星」**といい、**地球の外側を回ります。**内惑星とは逆に、**太陽の反対側にあるときによく見え**、このときは日没から日の出までの一晩中観測できます。

　火星は黄道（➡ P210）上を約2年間かけて動いていきます。木星と土星は遠くにありますが、大きい惑星なので明るく見えます。木星の公転周期は約12年。そのため木星は1年ごとに黄道12星座を1つずつめぐっていくように見えます。

　土星の公転周期は約30年です。2年半ごとに12星座を1つずつわたり歩くように動くので、位置を覚えておけばすぐに見つかるでしょう。ちなみに、**天王星と海王星は肉眼では見えません**。

内惑星と外惑星とで見方が異なる

▶ 見える方向を狙って観察しよう

内惑星は明け方と夕方に

内惑星は、太陽からある角度以上離れて見えることはない。最大離角のころの朝方か夕方に、太陽の近くを探すとよい。

水星の東方最大離角 / 水星の西方最大離角
金星の東方最大離角 / 金星の西方最大離角
最大28°
最大47°

2029年
3月29日

2027年
2月20日

火星

地球

2031年
5月12日

2025年
1月12日

火星は接近するときに

火星が太陽の反対側にあってなおかつ、およそ2年2か月ごとに地球に接近する際、特に明るく見える。左図は地球と火星が最接近する日付。

2033年
7月5日

2022年
12月1日

2035年
9月11日

2020年
10月6日

木星と土星が見える方向

黄道12星座の中を進んでいくように見える。1年をかけて位置はあまり動かないため、星座が目印となる。

おうし座
おひつじ座
ふたご座

2026年
1月

2024年
12月

2023年
11月

2025年
9月

うお座

2026年
10月

2022年
9月

2024年
9月

みずがめ座

2022年
8月

2020年
7月

2020年
7月

2023年
8月

やぎ座

2021年
8月

2021年
8月

いて座

○ 木星
○ 土星　※2026年までの惑星の位置。

太陽系の疑問あれこれ **2**章

52

[その他天体]

流れ星って
どういうしくみなの?

なるほど! 超高速の**微粒子が大気を圧縮して光る**現象。
同時期に多く現れると「**流星群**」と呼ばれる!

夜空に流れて消える流れ星、どんなしくみなのでしょうか?

流れ星は、**宇宙空間の微粒子が大気を圧縮することで光って見える現象**です。無数の微粒子のうち、地球の近くにあるものは、地球の引力で大気の層に飛びこんできます。超スピードの微粒子が前方の空気を押しつぶし、空気の圧縮で熱が発生。それにより**微粒子が蒸発、プラズマ化**して発光するのです〔**図1**〕。

微粒子は、数cmの小石のようなものもあれば、0.1mm以下のごく小さなちりもあります。小さいけれども高温となり強く発光するため、肉眼でも明るく見えるのです。

流れ星には、いつ現れるかわからない**散在流星**と、同時期にたくさん現れる**流星群**とがあります。流星群のもとになるちりは、彗星が出したちりです。地球が彗星の軌道を横切るとき、その彗星が過去にまき散らしたちりが、地球の大気に大量に降り注ぎ、発光するのです。流星群は、毎年ほぼ決まった時期に、ほぼ決まった方角の一点から現れます。その一点を**「放射点」**といいます。放射点の方角に星座があると、その星座から流星が飛び出してきているように見えるため、「ペルセウス座流星群」「しし座流星群」…などと名前がつけられています〔**図2**〕。

彗星の軌道を地球が横切るときに見える

▶ 流れ星のしくみ〔図1〕

宇宙空間にある微粒子が、地球の引力で飛びこんでくると流れ星になる。

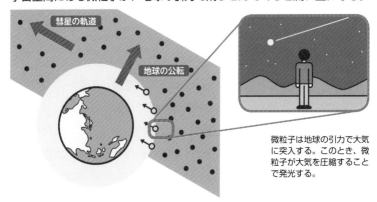

彗星の軌道

地球の公転

微粒子は地球の引力で大気に突入する。このとき、微粒子が大気を圧縮することで発光する。

▶ なぜ放射状に飛び出して見える?〔図2〕

地球が彗星軌道との交点を横切るとき、微粒子の集まりが同じ方向に平行運動して大気に飛びこむため、遠近感がついて、一点から放射状に飛び出して見える。

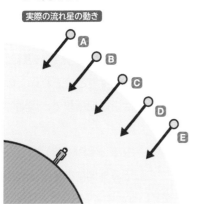

実際の流れ星の動き

A B C D E

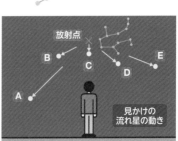

ふたご座がある方向

放射点

見かけの流れ星の動き

53

[その他天体]

宇宙から飛来する彗星の正体とは？

なるほど！

ちりと氷の「汚れた雪玉」が、
太陽の熱で蒸発して、長い尾となっている！

「ほうき星」とも呼ばれることのある**「彗星」**ですが、これはどういう星で、どういうしくみのものなのでしょうか？

実は「彗」には**「ほうき」**という意味があります。彗星は、細長い楕円の軌道を描いて太陽を公転する天体のことで、太陽に近づくと、太陽と反対側に長い尾を現します。この様子がほうきに似ているため、ほうき星とも呼ばれるのです。

彗星の本体は「核」で、大きさが数kmから数十kmの氷とちりのかたまりです。氷の主成分は水で、二酸化炭素やメタンなどが含まれています。ちりは岩石の粒。核が太陽に近づくと、熱で表面が蒸発し、核全体が**「コマ」**と呼ばれる大気でおおわれ、輝きはじめます。そしてガスやちりを吹き出します。**ガスやちりは太陽風や太陽光の圧力を受け、太陽と反対方向へ伸びる長い尾になります**〔図1〕。

彗星には、公転周期が200年未満の**短周期彗星**と、それ以上の**長周期彗星**があります。有名なハレー彗星は短周期彗星で、周期は76年。次は2062年にやってきます。

短周期彗星はエッジワース・カイパーベルト（⇒P140）付近からやってきますが、長周期彗星は、さらにその外側にある小天体の分布する領域**「オールトの雲」**から来ていると考えられます〔図2〕。

短周期と長周期の2種類の彗星がある

▶ 彗星の正体は氷のかたまり〔図1〕

長い尾が大きく目立つが、正体は数kmから数十km程度の氷のかたまり。
尾は、氷が解けて吹き出したものだ。

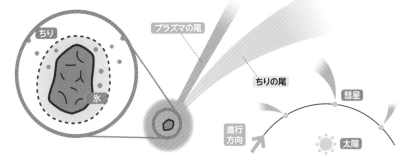

核の正体 核は、岩石やちりを含んだ氷のかたまり。「汚れた雪玉」と呼ばれる。

ちりがつくる「ちりの尾」と、本体から出るガスがつくる「プラズマの尾」が出る

プラズマの尾

ちり

氷

ちりの尾

彗星

進行方向

太陽

彗星が太陽に近づくと、核の氷が解けて、ガス（プラズマ）やちりが、太陽と反対方向に吹き出す。

▶ オールトの雲と彗星〔図2〕

オランダの天文学者オールトが、太陽系を球状に取り巻いている天体群があると述べ、長周期彗星は、ここから来ているとした。この天体群は「オールトの雲」と呼ばれている。太陽から外縁までの距離は遠く、1万～10万AU（0.1～1.58光年）といわれる。

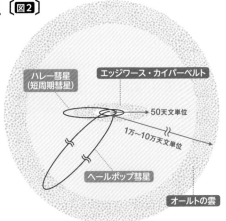

ハレー彗星（短周期彗星）

エッジワース・カイパーベルト

50天文単位

1万～10万天文単位

ヘールボップ彗星

オールトの雲

太陽系の疑問あれこれ **2章**

54 隕石ってどういうもの？流れ星とは違うもの？

[その他天体]

なるほど！ 大気で**燃え尽きずに落ちてきた石が隕石**。**流れ星**は大気を**圧縮して光る**もの！

　流れ星（流星）も隕石も、どちらも宇宙から地球の引力によって飛びこんでくるものです。その違いは何なのでしょうか？

　地球には、地球の外から氷や岩石が飛びこんできます。このとき、**大気を圧縮することで光るものを流れ星**（➡P146）、**蒸発せずに落ちてきた石そのものを隕石**といいます。

　隕石のうち、大部分が岩石でできているものを**石質隕石**、ほぼ鉄やニッケルでできているものを**隕鉄**といいます〔**図1**〕。

　地球に残っている最大のものは、アフリカのナミビアで見つかったホバ隕鉄です。直径約2.7mで、重さは60トンにもなります。日本最大の隕石は、滋賀県大津市で見つかった田上隕鉄です。重さは約174kgあります。

　隕石は宇宙空間にある間は侵食されないため、太古の太陽系の状況を語る**「太陽系の化石」**と呼ばれます。実は太陽系の誕生が46億年前とわかったのは、古い隕石を調べたことによるのです〔**図2**〕。

　南極の昭和基地近くのやまと山脈は、隕石が採集しやすいことで有名です。氷床に落ちた隕石は、氷河とともに運ばれていきますが、山脈にぶつかるとそこで止まるのです。**日本は、南極で採集した隕石を1万6,000個以上所有**しています。

隕石は太陽系の初期を物語る「化石」

▶ 小惑星のかけらが隕石になりやすい〔図1〕

流星として発光しても、大きなものは燃え尽きずに落ちてくる。

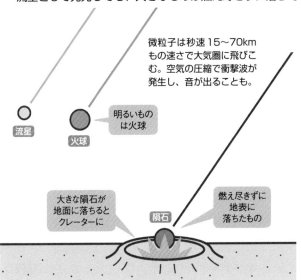

微粒子は秒速15〜70kmもの速さで大気圏に飛びこむ。空気の圧縮で衝撃波が発生し、音が出ることも。

流星

火球

明るいものは火球

大きな隕石が地面に落ちるとクレーターに

隕石

燃え尽きずに地表に落ちたもの

石質隕石
岩石質からなる隕石。天体での溶融を経験した隕石と、してない隕石に分類され、落下する隕石の8割が後者。

隕鉄
隕鉄は鉄・ニッケルを含む隕石。8万年前に落下したホバ隕鉄の約84%は鉄。

▶ 放射性元素の量から隕石の年齢がわかる〔図2〕

放射性元素は、放射線を出しながらほかの元素に変わる。隕石の中の放射性元素の量と、それがおき変わった元素の量を測ることで、隕石の年齢が計算できる。

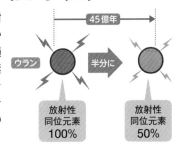

45億年

ウラン

半分に

放射性同位元素100%

放射性同位元素50%

隕石に含まれる元素を抽出できれば、隕石の年齢は測定できる。

ハビタブルゾーン外でも水や生命は存在する？

なるほど！

木星の衛星**エウロパ**、土星の衛星**タイタン**、いくつかの星には**水がある可能性**が高い！

液体の水は、生命の営みに必要です。恒星のまわりで液体の水が存在する領域を、ハビタブルゾーン（➡P100）といいますが、それ以外でも液体の水が存在すると考えられている星があります。

まずは、木星の**衛星エウロパ**。この星の表面には褐色のしみや筋があり、これは氷が解けた跡とみられています。数km～30kmほどの厚さの氷の下に、**深さ100kmほどの海がある**ことは、ほぼ確実と考えられています。地球の深海には熱水の噴出孔があり、そこには微生物など生物が生活しています。エウロパの海底にも熱水噴出孔があれば、生物が存在する可能性が大いにあるのです〔**図1**〕。

次に、**土星の衛星タイタン**です。この星には、**液体メタンや液体メタンの湖がある**ことが、探査機カッシーニにより明らかになっています。また、メタンと窒素を主成分とした濃い大気もあります。この環境が原始の地球に似ていることから、原始的な生命が存在する可能性があると考えられています〔**図2**〕。ほかにも、**土星の衛星エンケラドスに海がある**ともいわれています。表面は氷におおわれていますが、割れ目から間欠泉が吹き出しているのです。

このように、ハビタブルゾーン外でも水があり、**地球外生命体が存在する可能性**があると考えられているのです。

木星と土星の衛星に生命がいるかもしれない

▶ 深い海があると考えられているエウロパ〔図1〕

表面は氷でおおわれているが、その下は海になっていると考えられている。

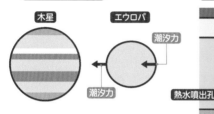

潮汐力で液体に

木星　エウロパ

潮汐力

潮汐力

木星による潮汐力で、エウロパの岩石が押し曲げられて摩擦熱が生じる。その熱でエウロパの氷が解けて、液体の水になっている。

噴出孔に生命が?

海中に微生物が?

氷

液体の水

熱水噴出孔

地球の海底の熱水噴出孔は、生命の宝庫。エウロパにも熱水噴出孔があれば、生命存在の可能性がグッと高まる。

▶ 原始の地球に似ているタイタン〔図2〕

タイタンは、環境が太古の地球に似ているので、
生命存在の可能性がある。

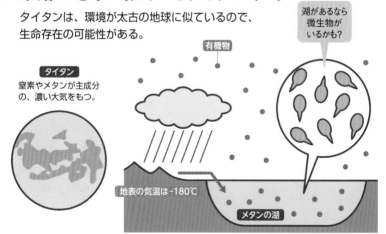

湖があるなら微生物がいるかも?

有機物

タイタン
窒素やメタンが主成分の、濃い大気をもつ。

地表の気温は-180℃

メタンの湖

紫外線などで大気中で有機物がつくられ、メタンの雨となって降り注ぐ。

太陽系の疑問あれこれ **2章**

師の観測データを元に地動説を証明
ヨハネス・ケプラー
（1571 – 1630）

　ケプラーは、師ティコ・ブラーエの天体観測データを用いて、惑星の軌道や運動に関する法則を発見したドイツの天文学者です。この「ケプラーの法則」は地動説を数学的に証明する力となり、さらにアイザック・ニュートンの万有引力の法則を導く基礎にもなりました。

　ケプラーは大学で神学を勉強する中で天文学に興味をもち、卒業後は数学教師として働きながら地動説型の宇宙モデルを考案します。その後、長期にわたって精密な天体観測を行っていたティコの助手に就きました。

　当時、惑星は完全な円軌道で動くと考えられていました。ケプラーはティコの十数年にわたる膨大な観測データを調べるうち、火星が楕円軌道であることを突き止めます。そこから、惑星は太陽を焦点とした楕円軌道であり（楕円軌道の法則）、惑星運動における面積速度は一定であり（面積速度一定の法則）、惑星の公転周期の2乗と太陽からの平均距離の3乗は比例し、すべての惑星に同じ法則があてはまる（調和の法則）という「ケプラーの法則」を導き出したのです。

　ケプラーは体が弱く、研究中も疫病や相次ぐ戦乱で職場も住居も転々とし、楽な生活ではありませんでした。しかし法則の発見後、『天文を志した当初の望みが達せられた』と語ったように、粘り強く初志を形にしたのです。

3章

宇宙にまつわる

技術と
最新研究

宇宙望遠鏡、宇宙ステーション、人工衛星など、
さまざまな最新技術を使って
私たちは宇宙を研究し、利用しています。
この章では、最新技術と宇宙の関係を見ていきましょう。

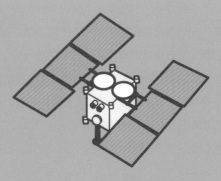

56 宇宙を見る望遠鏡。
[望遠鏡]
なぜ遠くまで見えるの？

なるほど！

天体が放つ**電磁波を観測**しているから。
重力波をとらえる望遠鏡もある！

遠い遠い宇宙を見通す望遠鏡。途方もない距離の天体も観測されていますが、どういったしくみで見ているのでしょうか？

まず、夜空を見上げるとたくさんの星が見えるのは、宇宙から届く**光（可視光）**を、私たちの目が感じるからです。普通の望遠鏡は、この光をとらえて、遠くのものの姿を映しているのです。しかし、光だけでは、天体や天文現象のうちのごく一部しか観測できません。天体のうち、光を出しているのは温度の高い恒星や銀河だけなので、そのほかの**「電磁波」**をとらえる必要があります。

電磁波とは、光、電波、赤外線、紫外線…などといった「波」のことで、**波長の違い**によって種類が分けられます〔**図1**〕。宇宙のさまざまな天体は、光を出していなくてもこれらの電磁波のどれかを出していることが多いのです。

そのため、光以外の電磁波をとらえる望遠鏡が開発されてきました。大気の層を突き抜けて地上まで届くのは、光、電波、赤外線と紫外線の一部だけなので、**科学（天文）衛星や宇宙望遠鏡**も打ち上げ、宇宙から多様な電磁波を観測します〔**図2**〕。2015年からは、**重力波望遠鏡**も加わりました。重力波は電磁波ではなく空間のゆがみが波として伝わるもので、ブラックホールの衝突なども観測されます。

光も紫外線も電磁波の仲間

▶ 電磁波の波長と分類 〔図1〕

電磁波のうち、人間の目で感じる光（可視光）はごく一部。天体や天文現象は、光以外のさまざまな電磁波を出している。

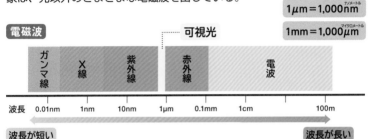

1μm＝1,000nm
1mm＝1,000μm

電磁波

可視光

| ガンマ線 | X線 | 紫外線 | 赤外線 | 電波 |

波長　0.01nm　　1nm　　10nm　　1μm　　0.1mm　　1cm　　　　100m

波長が短い　　　　　　　　　　　　　　　　　　　　波長が長い

▶ さまざまな望遠鏡 〔図2〕

地上にある望遠鏡だけでは宇宙からの電磁波の一部しかとらえられないので、科学衛星などを打ち上げて宇宙からも天体や天文現象を観測している。

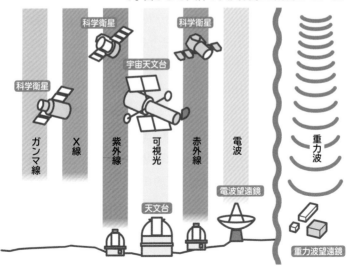

科学衛星　　科学衛星　　宇宙天文台　　科学衛星

ガンマ線　　X線　　紫外線　　可視光　　赤外線　　電波　　重力波

天文台　　電波望遠鏡　　重力波望遠鏡

157　　宇宙にまつわる技術と最新研究　**3**章

57 次世代の望遠鏡って どんなものがあるの？

[望遠鏡]

なるほど! 世界各国やNASAなどが 主鏡が大きな望遠鏡を開発中！

　156ページでは電磁波、重力波をとらえる望遠鏡があるという話をしましたが、最新の望遠鏡事情はどうなっているのでしょうか？次世代の望遠鏡計画の中から、いくつかを見てみましょう。

　TMT（Thirty Meter Telescope）は、アメリカ、カナダ、中国、インド、日本の5か国が共同で米ハワイ島マウナケア山頂に建設している望遠鏡です〔**図1**〕。**望遠鏡は主鏡の口径（直径）が大きいほど天体の光をたくさん集められる**ので、性能が高くなります。TMTは文字通り**口径30m**（Thirty Meter）の主鏡を備えた望遠鏡で、日本最高性能のすばる望遠鏡の主鏡口径の8.2mと比べ、集光力が約13倍。完成後は初期の宇宙のようすを調べたり、地球と環境のよく似た系外惑星探しをするそうです。またESO（ヨーロッパ南天天文台）は、口径39mの望遠鏡を建設中です。

　ジェイムズ・ウェッブ宇宙望遠鏡（JWST）は、NASAが中心となって開発を進めている赤外線観測用宇宙望遠鏡〔**図2**〕。現行機にあたるハッブル宇宙望遠鏡は高度約600kmを周回していますが、JWSTは地球から見て太陽と反対側150万kmの位置に置かれます。主鏡の口径はハッブルの2.4mに対して**約6.5m**と面積が約7倍もあり、ビッグバンから2億年後の宇宙を観測できるといいます。

最新望遠鏡で初期の宇宙のようすを観測

▶ TMTのしくみ〔図1〕

ハワイのマウナケア山頂に建設される光学望遠鏡TMTの完成予想図。

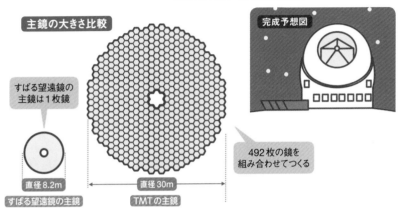

主鏡の大きさ比較

完成予想図

すばる望遠鏡の主鏡は1枚鏡

直径8.2m

すばる望遠鏡の主鏡

直径30m

TMTの主鏡

492枚の鏡を組み合わせてつくる

▶ ジェイムズ・ウェッブ 宇宙望遠鏡のしくみ〔図2〕

2021年に打ち上げ予定。宇宙の謎の解明につながる観測が期待されている。

宇宙望遠鏡のしくみ

太陽光を防ぎつつ、宇宙からの赤外線を主鏡で集め、副鏡に反射し観測する。

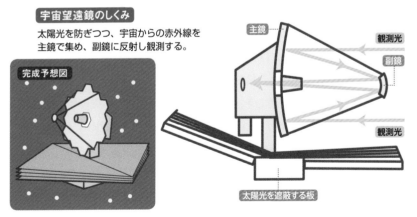

完成予想図

主鏡

観測光

副鏡

観測光

太陽光を遮蔽する板

宇宙にまつわる技術と最新研究 **3**章

58
[ロケット]

どうしてジェット機だと宇宙には行けないの？

なるほど！ 宇宙へ行くためには、**酸素を積むこと**と、**秒速7.9km以上の速さ**が必要なため！

　飛行機（ジェット機）もロケットも、気体の後ろから勢いよくガスを噴き出して飛びます。なのに、どうしてロケットだけが宇宙へ行けるのでしょうか？

　ジェット機が宇宙に行けない理由のひとつは、**宇宙には酸素がない**からです。ジェットエンジンは、燃料を燃やすために空気中の酸素を使っています。そのため、空気のない宇宙で飛ぶことができないのです。一方で、**ロケットは燃料といっしょに酸素を積んでいる**ので、宇宙に行っても燃料を燃やして飛ぶことができるのです。

　ロケットが宇宙へ行けるもうひとつの理由は、**スピード**です。高性能のジェット戦闘機でも**最高速度は時速3,500km**ほどで、せいぜい高度3万kmまでしか飛べません。宇宙に飛び出して人工衛星を軌道に乗せるためには、**秒速約7.9km（時速2万8,400km）**以上の速度が必要です。これを**第一宇宙速度**といいます。

　さらに、地球の重力を振り切って月に行ったり、火星や木星などの探査機を打ち上げたりするためには**秒速約11.2km（時速4万300km）**以上の速度が必要で、これを**第二宇宙速度**といいます。ロケットは酸素のないところでも燃料を燃やすことができ、地球の重力を振り切るだけの速度を出せるので、宇宙に飛び出せるのです。

▶ 宇宙へ行くための速度

人工衛星を軌道に乗せるためには、秒速約7.9 km（時速2万8,400km）以上の速度が必要。月に行ったり、火星や木星などの探査機を打ち上げたりするには秒速約11.2 km（時速4万300km）以上の速度が必要である。

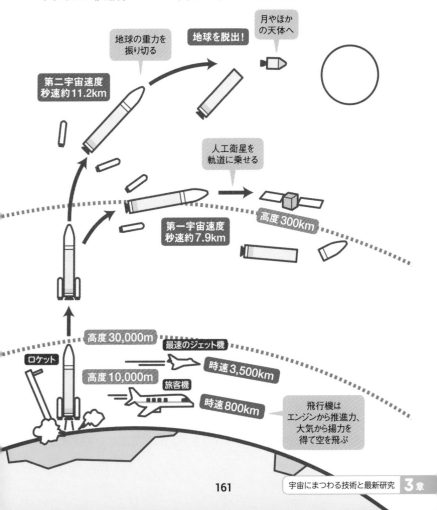

月やほかの天体へ

地球を脱出！

地球の重力を振り切る

第二宇宙速度
秒速約11.2km

人工衛星を軌道に乗せる

第一宇宙速度
秒速約7.9km

高度 300km

高度 30,000m

最速のジェット機

時速 3,500km

ロケット

高度 10,000m

旅客機

時速 800km

飛行機はエンジンから推進力、大気から揚力を得て空を飛ぶ

59 ［ロケット］ ロケットには どんな種類がある？

手のひらサイズの衛星を打ち上げるロケット、**宇宙船**を打ち上げるロケットなどさまざまある！

　アメリカ、ロシア、欧州宇宙機関（ESA）、中国、インド、日本などが、人工衛星や探査機を打ち上げる大型のロケットをもちます。

　アメリカは、2011年にスペースシャトルが退役した後は、国際宇宙ステーション（ISS）への飛行士や物資の輸送を**ロシアの「ソユーズ」**などに頼ってきました。その間に、NASAに代わって民間企業がロケットや宇宙船の開発を行うようになりました。2020年5月、民間企業であるスペースX社は、大型ロケット**「ファルコン9」**と宇宙船**「クルードラゴン」**に2人の宇宙飛行士を乗せて打ち上げ、ISSへ人と荷物を無事送り届けることに成功しました。

　日本は、ロシア、アメリカ、フランスにつぐ世界第4番目の人工衛星打ち上げ国です。1955年に宇宙開発がスタートして以来数々のロケットが登場してきましたが、現在、使用されているのは、液体燃料ロケットの**H-ⅡA**、**H-ⅡB**、固体燃料ロケットの**イプシロン**です。H-ⅡA・Bの後継機として**H-Ⅲロケット**が開発中です。

　最近は手のひらに乗るようなコンパクトな人工衛星が登場し、ロケットの小型化・低コスト化も進められています。JAXAが2018年に打ち上げた**「SS-520」**5号機は、人工衛星を打ち上げた「世界最小のロケット」としてギネス世界記録に認定されています。

超小型ロケットで超小型衛星を打ち上げる

▶ 日米の主力ロケット

日本で人工衛星や惑星探査機を打ち上げるのにおもに使われるのは、H-IIA、H-IIB、イプシロンである。

> 1994年開発のH-IIシリーズから25年ぶりのフルモデルチェンジ

> 切り離した第一段ロケットを回収・再使用できる

> H-IIA・H-IIBの打ち上げ成功率は世界トップクラス

> 運用や打ち上げの仕組みを効率化

> 世界最小クラスのロケット

SS-520	イプシロン	H-ⅡB	H-Ⅲ	ファルコン9
9.65m	24.4m	56.6m	63m	70m
超小型衛星（4kg程度）の打ち上げなどに使用される。	手軽で費用対効果の高い固体燃料ロケット。小型衛星の打ち上げに用いる。	液体水素と液体酸素を積んだ液体燃料ロケット。人工衛星の打ち上げやISSへの物資補給などを行う。	日本の次期大型主力ロケットでH-ⅡBの後継機。試験機を、2021年に打ち上げ予定。	液体酸素とケロシン（灯油）を積んだ、スペースX社の液体燃料ロケット。

宇宙で宇宙船をつくる

小惑星合体型宇宙船 〔図1〕

小惑星に合体し水を吸い取って燃料
とする宇宙船が考えられる。

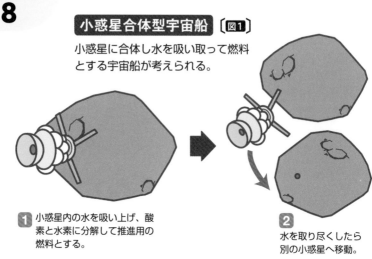

1 小惑星内の水を吸い上げ、酸
素と水素に分解して推進用の
燃料とする。

2 水を取り尽くしたら
別の小惑星へ移動。

ロケット全重量の約9割は燃料です。そのほとんどは地球から宇宙へ飛び出すことに使われるため、地球から宇宙船など重いものを乗せて運ぶのは非効率です。そこで**宇宙にある物質を使って、宇宙船の代わりをつくる**ことはできないでしょうか…？　例えば小惑星とか。宇宙空間には微量なガスしかないため、飛行機のような翼は必要なく、ごつごつした小惑星でもエンジンを付ければ飛べます。

　実は、**小惑星を探査機で捕獲して地球の近くに運ぶ研究**があり、小惑星の宇宙船化に活用できるのではと考えられています。その捕獲計画とは、小惑星を探査機に収納し、電気推進エンジンで軌道をゆっくり変化させ、目的地に向けて移動させるもの。

　氷や水を含む小惑星なら、抽出した水を電気分解すれば酸素や水素などの燃料が手に入ります。その燃料を使って推進する**合体型の**

ことはできる？

小惑星型宇宙船 〔図2〕

掘削機や３Dプリンターをのせた宇宙船で、小惑星を宇宙船に改造する。

1 小惑星に宇宙船を合体させ、ドローンを送りこむ。

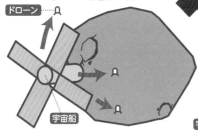

2 小惑星内部はレーザーで掘削しつつ、ドローンで材料を集める。

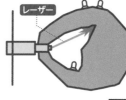

3 集めた材料でエンジンをつくって完成。宇宙船は別の小惑星へ移動。

宇宙船が考えられます〔**図1**〕。小惑星から小惑星へと乗り移って燃料を補給し続け、より遠くの宇宙へ進むこともできるでしょう。

　小惑星を宇宙船につくり変えるといった研究も。「プロジェクトRAMA」という、小さな宇宙船を小惑星に合体させ、その場で材料を収集、**３Dプリンターでエンジンをつくり、小惑星を移動させる計画**です。ちなみに国際宇宙ステーション（ISS）にも３Dプリンターは設置されており、工具や部品づくりに活用されています。

　これならドローンを小惑星に送りこみ、レーザーで内部をくり抜いて宇宙船がつくれそうです〔**図2**〕。ところで耐久力は大丈夫でしょうか？　宇宙空間ではぶつかるものがほぼ皆無で、推進時の衝撃も弱く、再生産可能な軽量な部品でも十分と考えられています。

　どれも研究段階の計画ですが、意外と早く実現するかも…？

60
[人工天体]

ISSでは、何をやっているの?

なるほど! 宇宙環境で**材料や薬品の実験・研究**をし、**生物に与える影響**などを調べている!

　国際宇宙ステーション（ISS）は、アメリカ、ロシア、ヨーロッパ、カナダ、日本が共同して建設した**実験施設**です。1998年から建設が開始され、2000年11月から宇宙飛行士が滞在しています。

　ISSは**約400km上空**を、1周に約90分をかけて地球のまわりを回っています。質量は約420トン、サイズは約108.5m×約72.8m（サッカーコートとほぼ同じ）です。ISSには4つの実験室と、宇宙飛行士が食事をしたりシャワーを浴びたりするための居住スペースがあり、**最大6人まで生活**することができます〔**右図**〕。ISSでは各国が、地球や天体の観測に加えて、宇宙空間という特殊な環境を利用した実験・研究などを行っています。

　日本は「**きぼう**」と呼ばれる実験棟をもち、ほとんど重さがなくなる環境（微小重力）を利用した材料や薬品の開発研究、宇宙環境が人や生物に与える影響を調べる研究などを行っています。

　きぼうの室外には**船外実験プラットフォーム**という施設があり、ここでは電子機器などを宇宙放射線に暴露させる実験を行います。きぼうは人工衛星を打ち出すことにも利用されています。年に8回ほどあるISSへ物資を送るときに、小型の人工衛星をまとめて同時に運び上げ、バネで弾き飛ばすように衛星を打ち出すのです。

▶ 国際宇宙ステーションのつくり

ISSはサッカーコートとほぼ同じ大きさだが、その多くは太陽電池。少なくとも2024年までは運用が続けられることになっている。

空気は？

酸素は水を電気分解して取り出す。二酸化炭素と電気分解で生じる水素は船外に廃棄。

食事は？

飛び散らないよう、食べ物や飲み物はプラスチック容器入り。200種以上と種類も豊富。

水は？

1年間に必要な量は、約7.5トン。地上から運ぶほか、水再生システムで尿から水をリサイクル。

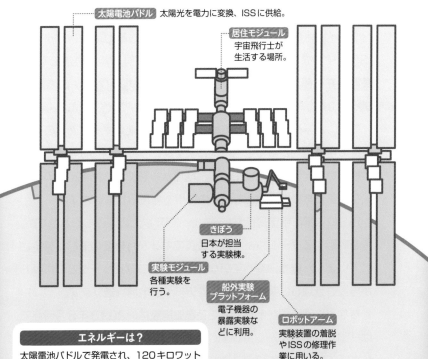

太陽電池パドル 太陽光を電力に変換、ISSに供給。

居住モジュール 宇宙飛行士が生活する場所。

きぼう 日本が担当する実験棟。

実験モジュール 各種実験を行う。

船外実験プラットフォーム 電子機器の暴露実験などに利用。

ロボットアーム 実験装置の着脱やISSの修理作業に用いる。

エネルギーは？

太陽電池パドルで発電され、120キロワット（一般家庭40軒分）の電力量をまかなえる。

ISSの次にできる 宇宙ステーションがある?

なるほど! ISSの後継宇宙ステーションは、 月軌道につくられる「ゲートウェイ」!

　アメリカのNASAを中心に、ヨーロッパ、ロシア、日本、カナダは国際宇宙ステーション（ISS）の次のステップとして**「ゲートウェイ」**という宇宙ステーションを実用化する計画です〔**図1**〕。ゲートウェイは月のまわりを周回する軌道に建設され〔**図2**〕、サイズはISSよりかなり小さく、質量は6分の1、定員も4名の予定です。**長期滞在を想定しないため、ISSよりスケールダウン**しています。建設にあたっては、計6回、地球からロケットで資材を輸送します。

　おもに科学研究施設として使われますが、地球から月面への**有人探査の中継基地**としても利用されます。さらに、2030年代に予定されている火星旅行を前にして、地球から遠く離れた宇宙での生活になれるための**訓練拠点**としての利用も考えられています。

　ISSには常に宇宙飛行士が滞在し、半年以上の滞在も普通ですが、月を周回するゲートウェイは、最長でも3か月程度の滞在が想定されています。誰も滞在していないときは、コンピュータとロボットが施設を管理し、実験を継続してデータを地球に送ります。

　ちなみに、人類が宇宙で生活できる施設は、2020年8月時点では「国際宇宙ステーション（ISS）」だけですが、中国は独自に開発した**「天宮」**を2022年までに打ち上げる予定です。

月への中継基地として活用される

▶ 月を周回する「ゲートウェイ」〔図1〕

地球から約5日の旅でゲートウェイに到着する。ここを拠点に月面に降り、再び戻ってくる中継基地として利用される予定だ。

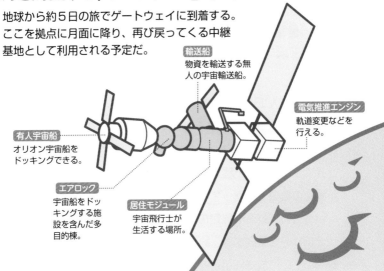

輸送船
物資を輸送する無人の宇宙輸送船。

電気推進エンジン
軌道変更などを行える。

有人宇宙船
オリオン宇宙船をドッキングできる。

エアロック
宇宙船をドッキングする施設を含んだ多目的棟。

居住モジュール
宇宙飛行士が生活する場所。

▶ ゲートウェイの軌道〔図2〕

月の北極と南極上空を通過する楕円軌道で、最も接近したときの月面との距離は4,000km、最も離れたときは7万5,000km。およそ7日で1周する。

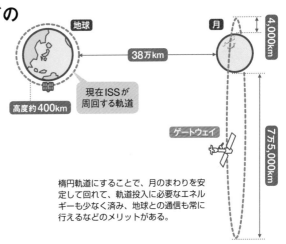

地球

高度約400km

現在ISSが周回する軌道

38万km

月

4,000km

ゲートウェイ

7万5,000km

楕円軌道にすることで、月のまわりを安定して回れて、軌道投入に必要なエネルギーも少なく済み、地球との通信も常に行えるなどのメリットがある。

宇宙にまつわる技術と最新研究 **3章**

62 どんな人工衛星が飛んでいるの?

[人工天体]

 なるほど!

通信や放送、天気予報や位置の測定など、
さまざまな人工衛星が飛んでいる!

世界初の人工衛星は、1957年10月にソ連（現在のロシア）が打ち上げた**スプートニク1号**です。その後、アメリカ、フランス、日本、中国、イギリス、インドなどが続き、2020年4月までに、世界で9,300機を超える人工衛星が打ち上げられ、**約5,800機が地球の軌道上を回っています**。

いったい、どんな種類の人工衛星が回っているのでしょうか。

テレビの衛星放送は、約3万6,000km上空にある**通信衛星**（放送用のものは放送衛星と呼ばれる）を中継基地にして、家庭に電波を送り届けています。ほぼ真上から電波が来るので、山や高い建物に電波が邪魔されず、きれいな画像が届きます。

気象衛星も約3万6,000km上空にあります。地球を一望できるところから広い地域の雲の動きや地上の温度などを観測するので、正確な天気予報が可能になりました。

目的地までの道順や、自分が今いる場所を教えてくれるカーナビやスマホの道案内は、GPSなどの**測位衛星**を使っています。

このほかにも、森林のようすや地上、海上の気温などを観測する**地球観測衛星**、宇宙から天体を観測する**科学衛星**、他国のようすを探る**スパイ衛星**などさまざまな目的のものがあります。

▶ さまざまな目的に利用される人工衛星

さまざまな用途の人工衛星が打ち上げられており、最近では10cm四方の超小型人工衛星も登場しはじめている。

科学衛星
太陽や宇宙の天体観測などの科学研究を目的としている。

地球観測衛星
地図作成のほか、大規模災害の観測や資源探査を行っている。

測位衛星
スマホや自動車の位置測定システムに使われる人工衛星。

通信衛星
地上回線が使えない離島、船、航空機などの通信のほか、テレビ放送にも用いられる。

気象衛星
海や山を含めた、広い地域の雲の動きや温度を観測し、広い範囲の気象や台風を監視している。

Q ISSに長期滞在したら ヒトの体はどうなる？

| 強くなる | or | 変わらない | or | 衰える |

国際宇宙ステーション（ISS）は、体重がゼロになる無重量（微小重力）の環境です。重力がある地球と違って、長く滞在すると、何か変化があるのでしょうか？　体が強くなったり、逆に衰えてしまったりするものなのでしょうか？

国際宇宙ステーションは、地上とは環境が大きく違います。とりわけ問題となるのは**微小重力が体に及ぼす影響**です。

地上に暮らしているとき体重60kgの人は、歩いたり走ったりするときに、常に60kgの重さを全身の筋肉や骨を使って運ばなければなりません。立っているだけでも、体の姿勢を保つために骨

や筋肉には大きな負荷がかかります。血液などの体液も重力で下半身の方に引っ張られるため、心臓や血管は重力に負けずに全身に血液を送り出します。私たちは**無意識のうちに血液をくまなく循環させ、運動をして、筋肉や骨の量が減らないようにしている**のです。

ところが、ISSでは体重がゼロになるので、移動するときにも体の姿勢を保つときにも、**筋肉や骨をわずかな力で動かすことができます**。はたらく機会のない筋肉はすぐに衰えて筋肉量は落ち、骨も負荷がなくなると骨中のカルシウムなどが溶け出し、もろくなるのです。体液も上半身に集中してしまい、顔がむくんだり、首が太くなったりします。ただ、数日経てば体液が減るため、顔のむくみは戻りますが、体重は減少します。ちなみに、地上では圧縮されていた背骨や関節が開放されるため、身長は伸びます。

筋肉や骨を維持するため、宇宙飛行士は宇宙ステーションの中で、**運動器具を使って毎日トレーニング**をしています。それでも半年ほどISSに滞在した後に地上に戻ると、誰かに体を支えてもらわないと立ったり歩いたりできず、1か月以上にわたるリハビリを行います。つまり、正解は「衰える」です。

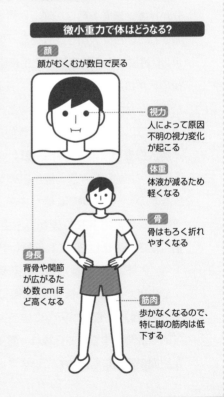

微小重力で体はどうなる?

顔
顔がむくむが数日で戻る

視力
人によって原因不明の視力変化が起こる

体重
体液が減るため軽くなる

骨
骨はもろく折れやすくなる

身長
背骨や関節が広がるため数cmほど高くなる

筋肉
歩かなくなるので、特に脚の筋肉は低下する

人類は宇宙のどの辺まで進出できているの？

なるほど！ 有人探査飛行はまだ**月面着陸まで。**
無人探査飛行は**冥王星を越えている**！

人類が初めて宇宙空間に出たのは1961年4月12日。ソ連（現在のロシア）の**ガガーリンが、宇宙船ボストーク1号で1時間48分かけて地球を1周**し、地上に帰還しました。アメリカはこれに刺激されて、月に人間を送りこむ**「アポロ計画」**を開始。**1969年7月20日に2人の宇宙飛行士が月面に降り立ちました**〔**図1**〕。その後のアポロ計画では合計6回の月面着陸に成功し、計12人の宇宙飛行士が月面で月の石の採集などの活動を行いました。しかし、人類が地球以外の天体に降り立ったことは、それ以来ありません。

無人探査機が着陸した惑星は、**金星**と**火星**だけです。1970年12月、ソ連のベネラ7号が初めて金星に着陸し、地表の温度や気圧などのデータを地球に送ってきました。初めて火星に着陸した探査機は、1973年にソ連が打ち上げたマルス3号ですが、着陸後信号が途絶えました。これに対しアメリカは1976年にバイキング1号、2号の着陸に成功し、火星表面の映像を地球に送信しました。

そのほかの惑星の探査は、おもにアメリカが大きな成果を上げており〔**図2**〕、探査機が天体にフライバイ（接近通過）して撮影や科学的な計測をする形で行われ、**冥王星の観測、そして冥王星を超えた空間の観測にも成功**しています。

太陽系の各惑星に探査機を送りこむ

▶ 月面の有人探査・アポロ計画 〔図1〕

人類で初めて月面に降り立ったのはアポロ11号のニール・アームストロング船長とバズ・オルドリン飛行士で、世界中にテレビ中継された。着陸船は「静かの海」に降り、2人は21時間36分滞在し、21kgの月の石を地球にもち帰った。

▶ アメリカの深惑星探査のおもな成果 〔図2〕

パイオニア10号	NASAが1972年に打ち上げた木星探査機。1973年に木星に最接近し、木星やその衛星の画像を送信してきた。
パイオニア11号	NASAが1973年に打ち上げた木星・土星の探査機。1974年に木星に最接近、1979年に土星に最接近し、土星の未知の環を発見。
ボイジャー1号	NASAが1977年に打ち上げ、木星と土星とそれらの衛星を観測した。木星の衛星イオに火山があることを発見。現在、冥王星軌道を越えて星間空間（恒星間にある空間）を探査中。
ボイジャー2号	1号とほぼ同時期に打ち上げられ、木星、土星に加えて天王星、海王星とそれらの衛星を観測し、各惑星で新しい衛星を発見した。現在、冥王星軌道を越えて星間空間（恒星間にある空間）を探査中。
ガリレオ	1989年にNASAが打ち上げた木星探査機。1995年木星周回軌道に到達し、2003年まで木星とその衛星の観測を続けた。
カッシーニ	NASAとESA（欧州宇宙機関）が、1997年に打ち上げた土星探査機。土星の衛星エンケラドスの地下に液体の海がある証拠を発見。
ニュー・ホライズンズ	NASAが2006年に打ち上げ、2015年に冥王星に接近して、表面の鮮明な画像を送信してきた。冥王星探査後、太陽系外縁天体の探査を続けている。

宇宙にまつわる技術と最新研究 **3章**

64 省エネルギー航法！ホーマン軌道って何？

[ロケット]

なるほど！ 最小のエネルギーで惑星に到着できる軌道。
到着時の星の位置を予測する！

ロケットは、地球の重力を振り切るために大きなパワーが必要で、大量の燃料が必要になります。当然、宇宙でも燃料は必要ですが、途中で補給することもむずかしいので、宇宙ではいかに効率的に移動するかがカギになります。そこで、**最小のエネルギーで目的の惑星に到達するための軌道「ホーマン軌道」**が重要になるのです。

例えば、火星に宇宙船を送る場合、今見えている火星に向けてロケットを打ち上げても、着いたときには火星は先に進んでいますよね。そのため、**到着するときの宇宙船と目的の天体の位置がぴたりと重なり、しかも最小の燃料で行ける軌道**を考えて、宇宙船は飛び立つのです。このときの軌道が「ホーマン軌道」です。

ホーマン軌道で金星まで行くときは、打ち上げから金星に着くまでに**約150日**〔**図1**〕、火星に行くときには、**約260日**かかります〔**図2**〕。火星から地球に戻る際にも、約260日かかるホーマン軌道を使います。地球と火星がちょうどよい位置関係となるまでの待ち時間も考えると、往復2年8か月ほどかかる計算になります。

実際にはホーマン軌道だけでなく、さまざまな工夫のもとで飛行計画は組まれます。例えば、2018年打ち上げの火星探査機InSightでは飛行日数の短縮に成功し、**約205日**で到着しています。

惑星の動きを見越して探査機を打ち上げる

▶ 金星へのホーマン軌道〔図1〕

金星と地球が❶の位置にあるときに探査機を打ち上げ、金星と地球が❷の位置にあるときに金星に到着する。

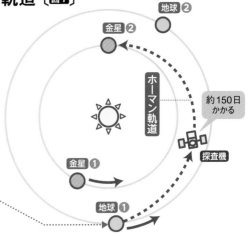

地球❷

金星❷

ホーマン軌道

約150日かかる

探査機

両惑星の位置がちょうどよい位置に出発。そのタイミングは1.6年に一度！

金星❶

地球❶

▶ 火星へのホーマン軌道〔図2〕

火星と地球が❶の位置にあるときに宇宙船を打ち上げ、火星と地球が❷の位置にあるときに火星に到着する。

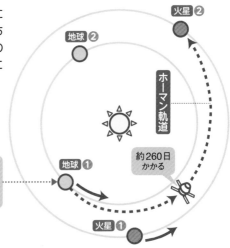

火星❷

地球❷

ホーマン軌道

約260日かかる

両惑星の位置がちょうどよい位置に出発。そのタイミングは2.2年に一度！

地球❶

火星❶

65 火星での探査。
[宇宙探査]
どんなことをしている?

なるほど! 火星では、**探査機で地表面を調査**。
水がある証拠や**生命の痕跡**を探している！

　火星は、最も地球に近いときでも月と比べて約150倍も遠くにあり、探査機を送りこむことさえかんたんではありません。2020年8月までに火星に着陸、もしくは周回軌道への投入に成功したのは、**アメリカ**、**ソ連（現ロシア）**、**ESA（欧州宇宙機関）**、**インド**です。その中で大きな成果を上げてきたのは、アメリカです。

　1971年11月、**マリナー9号**が世界初の火星周回軌道に入り、火星表面の撮影に成功しました。同年12月、火星に初めて着陸した探査機はソ連の**マルス3号**ですが着陸後に故障。1975年11月、**バイキング1号**の着陸機は地表からの写真の送信に成功します。

　1996年打ち上げの**マーズ・グローバル・サーベイヤー**は、火星の地図を作成。続いて**マーズ・パスファインダー**が地表にローバー（探査車）を送りこみ、太古に水があった証拠を見つけ出します。

　2003年には**マーズ・エクスプロレーション・ローバー**によって、火星の表面にはかつて大量の水が存在した証拠を発見。これで火星に生命が存在する可能性は高まり、ついに2011年打ち上げの**マーズ・サイエンス・ラボラトリー**のローバーが、火星に有機物（生命の材料になり得る物質）があることを発見します。

　今後は、岩石などのサンプルをもち帰る計画を予定しています。

火星の地表に探査機を送りこむ

▶火星のおもな探査計画

NASAは「水を探す」「居住できる環境か調べる」「生命の痕跡を探す」を火星探査の目標としている。

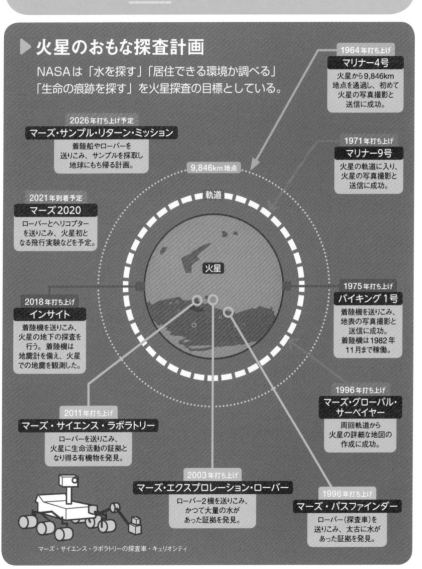

2026年打ち上げ予定
マーズ・サンプル・リターン・ミッション
着陸船やローバーを送りこみ、サンプルを採取し地球にもち帰る計画。

2021年到着予定
マーズ2020
ローバーとヘリコプターを送りこみ、火星初となる飛行実験などを予定。

2018年打ち上げ
インサイト
着陸機を送りこみ、火星の地下の探査を行う。着陸機は地震計を備え、火星での地震を観測した。

2011年打ち上げ
マーズ・サイエンス・ラボラトリー
ローバーを送りこみ、火星に生命活動の証拠となり得る有機物を発見。

2003年打ち上げ
マーズ・エクスプロレーション・ローバー
ローバー2機を送りこみ、かつて大量の水があった証拠を発見。

1964年打ち上げ
マリナー4号
火星から9,846km地点を通過し、初めて火星の写真撮影と送信に成功。

1971年打ち上げ
マリナー9号
火星の軌道に入り、火星の写真撮影と送信に成功。

9,846km地点

軌道

火星

1975年打ち上げ
バイキング1号
着陸機を送りこみ、地表の写真撮影と送信に成功。着陸機は1982年11月まで稼働。

1996年打ち上げ
マーズ・グローバル・サーベイヤー
周回軌道から火星の詳細な地図の作成に成功。

1996年打ち上げ
マーズ・パスファインダー
ローバー（探査車）を送りこみ、太古に水があった証拠を発見。

マーズ・サイエンス・ラボラトリーの探査車・キュリオシティ

179

今後、ほかの惑星の探査計画はあるの?

なるほど! 2035年までに**有人火星探査**を予定。
木星の**衛星エウロパ**に無人探査機も!

　最後の月面着陸となった1972年のアポロ17号以来、ほかの天体への有人探査は行われていません。宇宙へ飛び立つコストもありますが、人が宇宙で活動する際には、地球の大気圏のように守ってくれるバリアーがなく、健康上のリスクも甚大になるためです。

　しかし、これらの課題を解決することも含めて、**アメリカは有人探査の再開を計画**しています。有人飛行できる新型の**オリオン宇宙船**〔**図1**〕で月へ行き、その後に火星へ行く計画です。月へは行かずに、いきなり火星へ人を送りこむという計画もあるようです。時期については、2019年のNASA長官の発言では、有人探査を2035年までに行う見通しとのことです。

　このほかに注目されるのは、NASAが計画しているという**無人探査機「エウロパ・クリッパー」**でしょうか。木星の衛星エウロパには、表面をおおう氷の下に液体の水をたたえた海があると考えられています。そのエウロパを周回しながら25kmまで接近し、生命が存在するかどうか探ろうという計画です。

　日本には、火星の衛星フォボスとダイモスを観測し、うち1つからサンプルを採取して地球に帰還する**火星衛星探査計画（MMX）**があり、2024年ごろの打ち上げを目指しています〔**図2**〕。

▶ オリオン宇宙船による有人飛行 〔図1〕

底面の直径が5m、4〜6人のクルーが生活できるとされている。

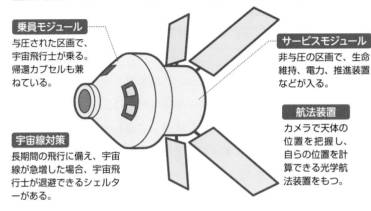

乗員モジュール
与圧された区画で、宇宙飛行士が乗る。帰還カプセルも兼ねている。

サービスモジュール
非与圧の区画で、生命維持、電力、推進装置などが入る。

航法装置
カメラで天体の位置を把握し、自らの位置を計算できる光学航法装置をもつ。

宇宙線対策
長期間の飛行に備え、宇宙線が急増した場合、宇宙飛行士が退避できるシェルターがある。

▶ MMXの探査機 〔図2〕

MMX（Martian Moons eXploration）とは、ローバーと探査機で火星の衛星に着陸し、表層の砂などを採取する計画。

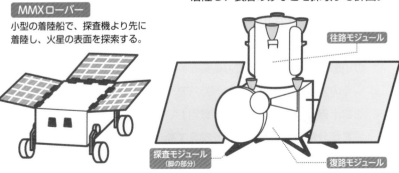

MMXローバー
小型の着陸船で、探査機より先に着陸し、火星の表面を探索する。

往路モジュール

探査モジュール
（脚の部分）

復路モジュール

MMX探査機
往路、探索、復路と3つのモジュールから構成される。地球にもち帰るカプセルは復路モジュールに搭載される。

飛んでくる小惑星から地球を守る方法がある？

なるほど！ 巨大隕石の軌道を変えるため、大型ロケットをぶつける方法が研究されている！

　約6,600万年前の白亜紀末、恐竜を含む全生物種の約70%が絶滅しました。この大絶滅は、直径約10〜15kmの小惑星（隕石）が衝突したためと考えられています。**このレベルの隕石の衝突は1億年に1回程度**といわれていますが、小さな隕石でも衝撃波で都市に大きな被害をもたらします（➡P102）。そのため、小惑星の衝突に備えて、それを回避する方法が研究されはじめているのです。

　遠くない未来の話としては、**直径約492mのベンヌという小惑星**があり、NASAは、このベンヌが**2135年に地球に衝突する可能性がある**と発表しています。その**確率は2,700分の1**と低いものですが、**衝突エネルギーは1,200メガトン**。これを元に、アメリカのローレンス・リバモア国立研究所などの研究チームは、ベンヌ級の小惑星の軌道を変えて、衝突を回避する方法を考察しました。

　その方法は、大型ロケットでハマーという**重さ8.8トンの宇宙機**を数十機打ち上げ、トータル数百トンの質量をベンヌにぶつけ、**小惑星が分解しない程度の力を加えて軌道を変え、地球衝突を回避する**というもの。ベンヌと同じくらいの小惑星なら、衝突まで25年ほど期間がある場合はハマーを7〜11機、衝突まで10年しかない場合は34〜53機ぶつければ軌道は変えられるとしています。

衝突まで10年あれば回避できる

▶ 小惑星ベンヌの軌道を変える方法

ベンヌは直径492mの小惑星で、地球の近くを周回している。もし衝突しそうな場合、重さ8.8トンの宇宙機をたくさんぶつけることで、この小惑星の軌道を変えて衝突を回避することができるという。

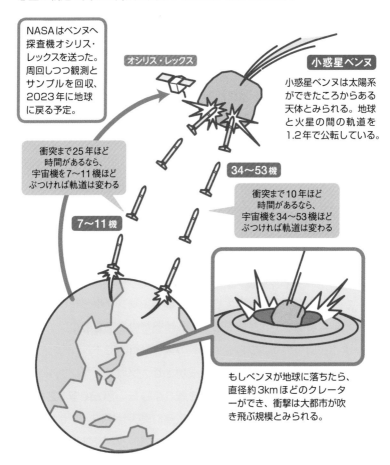

NASAはベンヌへ探査機オシリス・レックスを送った。周回しつつ観測とサンプルを回収、2023年に地球に戻る予定。

オシリス・レックス

小惑星ベンヌ

小惑星ベンヌは太陽系ができたころからある天体とみられる。地球と火星の間の軌道を1.2年で公転している。

衝突まで25年ほど時間があるなら、宇宙機を7〜11機ほどぶつければ軌道は変わる

34〜53機

衝突まで10年ほど時間があるなら、宇宙機を34〜53機ほどぶつければ軌道は変わる

7〜11機

もしベンヌが地球に落ちたら、直径約3kmほどのクレーターができ、衝撃は大都市が吹き飛ぶ規模とみられる。

183

宇宙にまつわる技術と最新研究　**3章**

68
[宇宙探査]

日本の期待の星
「はやぶさ計画」とは？

なるほど! 世界で初めて**小惑星からサンプルを
もち帰った**計画。後継機も活躍中！

　小惑星探査機はやぶさの成果と、今後の計画を見てみましょう。

　2003年5月に打ち上げられた初代**「はやぶさ」**は、2005年11月に**小惑星イトカワへのタッチダウン（接地）に成功**し、表面のサンプル（細かい砂粒のような微粒子）を採取しました。その後、再び地球に帰還する旅を開始し、2010年6月に地球の大気圏に突入。本体は燃え尽きましたが、サンプルの入ったカプセルは地上で回収されました。7年に及ぶミッションにより、はやぶさは、**月以外の天体からのサンプルを世界で初めてもち帰る**という快挙を成し遂げたのです。

　後継機の**「はやぶさ2」**は、2014年12月に打ち上げられて、2018年6月に**小惑星リュウグウ**に到着しました。リュウグウには、水や有機物があると考えられています。サンプルをもち帰ることで**地球にある水や、生命を形づくる有機物の由来を解く手がかり**にしようというのが、プロジェクトの大きな目的です。

　はやぶさ2はミッションを成功させ、採取したサンプルを携えて2019年11月にリュウグウを離れました。2020年12月に地球に帰還の予定ですが、本体は大気圏に突入せず、カプセルだけを地上に落下させて、そのまま11年かけて新たな小惑星に向かいます。

▶ はやぶさが向かった小惑星

初代はやぶさとはやぶさ2は、小惑星表面の物質サンプルをもち帰るサンプルリターンを目的とする探査機。

はやぶさ

本体のサイズ 1.0m×1.6m×1.1m
太陽電池の端から端まで 約6.0m
打ち上げ時の質量 約510kg
（燃料を含む）

| 2003年5月 打ち上げ |
| 2005年9月 イトカワ到着 |
| 2005年11月 物質採取 |
| 帰還中 通信途絶やエンジントラブル |
| 2010年6月 地球に帰還 |

小惑星イトカワ

「日本の宇宙開発・ロケット開発の父」と呼ばれる糸川英夫にちなんで名づけられた。

長径
約500m

イトカワの軌道

太陽
地球

リュウグウの軌道

小惑星リュウグウ

竜宮城からもち帰る玉手箱と、小惑星からもち帰るサンプルと状況が似ていることから、浦島太郎の竜宮城にちなみ命名。

長径
約900m

はやぶさ2

本体のサイズ 1.0m×1.6m×1.25m
太陽電池の端から端まで 約6.0m
打ち上げ時の質量 約600kg
（燃料を含む）

| 2014年12月 打ち上げ |
| 2018年6月 リュウグウ到着 |
| 2018年9月〜19年10月 探査や物質採取 |
| 2020年12月 カプセルのみ帰還予定 |

望遠鏡を駆使して宇宙の膨張を発見
エドウィン・ハッブル
（1889 – 1953）

　ハッブルは、ウィルソン山天文台の100インチ反射望遠鏡でさまざまな天体を観測し、宇宙が膨張していることを表す「ハッブル・ルメートルの法則」を発見したアメリカの天文学者です。この発見が現代宇宙論の基礎となり、宇宙の誕生を解明するカギとなりました。

　ハッブルは大学で物理学、天文学、法学を学んで弁護士になりますが、第一次世界大戦への従軍を境に天文学を学びなおし、ウィルソン山天文台に就職。その後、天体観測に一生を捧げました。

　20世紀はじめ、宇宙には天の川銀河しか存在しないと考えられていました。ハッブルは当時世界最大の100インチ反射望遠鏡で、天の川銀河内にあるとみられていた「アンドロメダ星雲」を観測して距離を測定。銀河系の大きさよりはるかに遠いことを明らかにし、天の川銀河の外にアンドロメダ銀河があることを突き止めます。

　銀河までの距離と後退速度（赤方偏移）をいくつも観測するうち、この2つが比例することに気づき、この発見が地球から遠い銀河ほど、速く遠ざかっているという「ハッブル・ルメートルの法則」の発見につながります。

　「膨張する宇宙」というハッブルの観測結果を聞いたアインシュタインは、「宇宙は静的で膨張しない」としていた自らの考えを改めたといいます。

4章

明日話したくなる

宇宙の話

相対性理論、宇宙の膨張などのむずかしい研究から、
星の名前の付け方、宇宙旅行といった夢のある話題まで、
よく耳にするけど、どういうものかよくわからない…
そんな宇宙の話を、紹介していきます。

宇宙のしくみと アインシュタイン①

なるほど！ アインシュタインは**相対性理論**で、 **ブラックホール**や**重力波**を予測！

　宇宙の話に、アインシュタインの相対性理論は欠かせません。

　まず、**特殊相対性理論**は、物体が光の速度に近いとき、どんな動きをするのかを表す理論です。発表以前は、時間は誰が測っても一定に流れる＝「絶対時間」があると信じられていましたが、時間は観測する人によって伸びたり縮んだりすることを理論化したのです〔**図1**〕。ここから、**「光速度一定の原理」「質量とエネルギーの等価性**（$E = mc^2$）」などの法則も生まれました。

　続いて発表された**一般相対性理論**は、特殊相対性理論では説明できなかった加速度運動や万有引力（重力）を説明するためにつくられました。重さをもつ物体はそのまわりにある時空をゆがませ、そのゆがみが周囲にある物体の運動に影響を及ぼします。ゆがんだ時空に置かれた物体は静止できず、その時空のゆがみに沿って物体が動くのです。その結果として、**物体同士に万有引力（重力）がはたらく**ことを明らかにしました〔**図2**〕。

　時空のゆがみと物体の関係は、重力場の方程式（アインシュタイン方程式）として記述されました。そしてこの方程式から、光すら脱出できない**ブラックホール**の存在、光と同様に重力も波として伝わること＝**重力波**（➡P190）もアインシュタインは予測しました。

特殊相対性理論と一般相対性理論がある

▶ 特殊相対性理論で明らかになったこと〔図1〕

光速度一定の原理

光の速度は、どんな運動をするものからも一定の速度に見え、どんな運動も光速を超えることはできない。

光速を超える速度には加速できない

時間の進み方が変化

高速で動くものの中では時間の進み方が遅くなるため、地球上の人と宇宙船の上の人では、時間の進み方がずれていく。

地球上の人から見た場合、光速の90%で飛ぶ宇宙船は星Aに11年で到着

10光年

星A

宇宙船の人から見た場合、光速の90%で飛ぶ宇宙船内では静止状態より時間がゆっくり進むため、星Aには11年も経たずに到着する

▶ 一般相対性理論で明らかになったこと〔図2〕

物体が時空をゆがませる

質量のある物体のまわりの時空はゆがむ。この性質から、物体がもつ万有引力のはたらきを明らかにした。

ゴム膜のような時空間に重さのある物体を置くと、時空はゆがむ。

2つ物体を置けば、時空のゆがみに沿って互いに近づく。

重力で時間の流れ方が変化

重力がかかる場所では時間の進み方が遅くなる。地表の時計より上空の時計の方が進みが早くなる。

高い場所＝時計が早く進む

低い場所＝時計が遅く進む

明日話したくなる 宇宙の話 **4**章

70 [宇宙論] 宇宙のしくみと アインシュタイン②

なるほど！ 重力波の観測が進めば、 初期の宇宙のしくみがわかる！

相対性理論を発表したアインシュタインは、光と同じように、重力も波のように伝わると予測しました（➡P188）。

重さをもつ物体がそのまわりの時空をゆがませ、その物体が運動すると、時空のゆがみが水面のさざ波のように、周囲に光速で伝わっていく。これが、**重力波**です〔**図1**〕。

重力（引力）をもつ物体——例えば人間が運動すれば重力波を出します。ですが、その程度では弱すぎて観測できません。大きな物体で運動が起きれば、観測しうる重力波が発生すると考えた学者たちは、超新星爆発、中性子星の合体などの天体現象を探しました。

そして2015年、アメリカの2か所の**重力波望遠鏡**〔**図2**〕で、**ブラックホールの合体時に放射される重力波を初観測**しました。重力波が発生すると、空間は伸び縮みします。2つのブラックホールが発した重力波は、13億年かけて地球に届いて、重力波望遠鏡のレーザー周囲の空間を伸び縮みさせたのです。

今後、重力波の観測が進めば、宇宙の晴れ上がり（➡P63）より前の、つまり、**初期の宇宙のようすを解明する手がかり**を得ることも期待されています。このように、アインシュタインの研究と宇宙のしくみの研究は、密接にリンクしているのです。

重力波は波のように空間をゆがませて伝わる

▶ 重力波とは〔図1〕

重さのある物体が運動すると、空間に波のように（実際は球面状に）重力波が広がっていく。

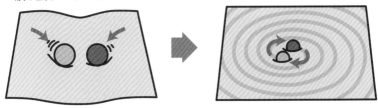

ゴム膜のような時空に重さのある物体をを置くと、互いが近づき、互いに引き合う（➡P189）。

重さのある物体が運動すると、空間のゆがみが波のように広がり、重力波が発生する。

▶ 重力波望遠鏡のしくみ〔図2〕

重力波は空間を伸び縮みさせ、光はそのゆがんだ空間に沿って走る性質があるので、それを利用して重力波をとらえる。

1 重力波がくると…

2 空間がゆがみ、黄とピンクのレーザーの距離に違いが出る

鏡　鏡

レーザー発振器

光検出器

同じ光を直交する2方向に向けて発射し、鏡で反射させ、戻ってきた光の到達時間で両方の距離を測る。

重力波で空間がゆがむと、直交する2つの光は、片方が伸びたときに、もう片方は縮むという変化をくり返す。その伸縮の有無で重力波を観測する。

明日話したくなる 宇宙の話　**4**章

宇宙の力で、過去に

ワームホールのイメージ 〔図1〕

ワームホールは、宇宙の2点をつなぐトンネル。時間と空間の離れた2点をつなげる近道になり得る。

何でも吸いこむ

ブラックホール

ホワイトホール

何でも吐き出す

時空間

トンネルでつながっている

アインシュタインは相対性理論でブラックホールを予測しました。物理法則にはある種の対称性があるため、**光さえ吸いこむ天体・ブラックホール**があるならば、**あらゆる物質を放出する天体・ホワイトホール**の存在も予測できます。

ブラックホールが吸いこんだ物質はどこに向かうのか。これを解決するため、2つの穴はトンネルで結ばれるという「**ワームホール**」のアイデアが考え出されました〔**図1**〕。この考えでは、ワームホールは一方通行で、元の世界には戻ってこられないものでした。

そこでアメリカの物理学者キップ・ソーンは、**「相互通過できるワームホール」**を定義。もし負のエネルギー物質が存在すれば、「相互通過できるワームホール」は数学的に存在しうるとし、「ワームホールの穴を動かしたら過去に行く**タイムマシン**ができる」と考えたのです。

戻れるってほんと？

ワームホールによるタイムマシンのしくみ 〔図2〕

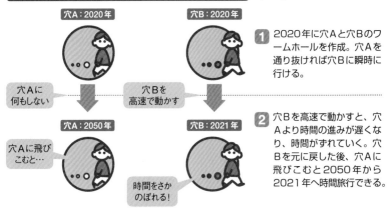

穴A：2020年 **穴B：2020年**

1 2020年に穴Aと穴Bのワームホールを作成。穴Aを通り抜ければ穴Bに瞬時に行ける。

穴Aに
何もしない

穴Bを
高速で動かす

穴A：2050年 **穴B：2021年**

穴Aに飛び
こむと…

2 穴Bを高速で動かすと、穴Aより時間の進みが遅くなり、時間がずれていく。穴Bを元に戻した後、穴Aに飛びこむと2050年から2021年へ時間旅行できる。

時間をさか
のぼれる！

穴Aと穴Bをもつ小さなワームホールをつくり出して穴を拡大し、通過可能に維持した状態で穴Bを高速で動かします。特殊相対性理論では**「高速で動くものは、時間の進み方が遅くなる」**ため、両方の穴の時間がずれていきます。穴Bを元に戻した後、穴Aに飛びこめば、**穴Aの時間から見て過去に戻れる**のです〔図2〕。

現時点では残念ながら、ワームホールを作成・維持する技術はなく、ホワイトホールのような天体も観測されていません。天体の重力崩壊で生じるブラックホールがワームホールになっているかも不明です。

ちなみに、一般相対性理論の「重力が強いと時間の進み方が遅くなる」現象を利用したタイムマシン理論も考えられています。例えば、とてつもなく質量のある「宇宙ひも」という未知の物体を光速で周回する理論など、時間旅行へのアイデアは尽きません。

71 [宇宙論] 宇宙は膨張している…って、どういうこと?

なるほど! ダークエネルギーによって、宇宙は加速膨張し続けている!

宇宙は今も広がり続けています。つまり膨張しているといわれていますが、どんな感じでふくらんでいるのでしょうか?

かつて宇宙が膨張する速さは、時間が経過するにしたがって膨張の速さが小さくなる**減速膨張**だと考えられてきました。ところが、3人の天文物理学者パールムッター、シュミット、リースにより、この常識が覆されました。**ある時期まで宇宙は減速膨張**していたのですが、その後、**加速膨張、つまり時間が経つほど膨張の速さが増すようになった**というのです〔**図1**〕。宇宙が減速から加速に変わった時期は、宇宙誕生から102億年後と考えられています〔**図2**〕。

ではなぜ、宇宙は加速膨張するのでしょうか? この事実を説明するため、**宇宙を膨張させる未知の力がある**という仮説が立てられています。原子などの普通の物質とは異なる性質をもつエネルギー、**「ダークエネルギー」**が宇宙に満ちていると考えたのです。

ダークエネルギーの正体は不明ですが、さまざまな観測から、存在する裏付けが得られています。ダークエネルギーは、**宇宙の膨張により空間が広がっても薄まらない**という不思議な性質をもち、それにより宇宙の膨張が加速していると考えられています。宇宙に存在するエネルギーの69%はダークエネルギーと考えられています。

宇宙の膨張は<u>加速</u>している

▶ 宇宙の加速膨張とは〔図1〕

時間が経つほど膨張の速さが減るのが減速膨張。反対に、時間が経つほど膨張の速さが増すのが加速膨張である。

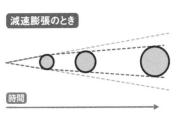

減速膨張のとき

時間 →

宇宙の膨張速度が時間とともに小さくなる。

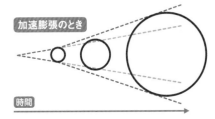

加速膨張のとき

時間 →

宇宙の膨張速度が時間とともに大きくなる。

▶ 減速膨張から加速膨張に変わった宇宙〔図2〕

宇宙年齢102億年のとき、宇宙は加速膨張に転じたと考えられている。

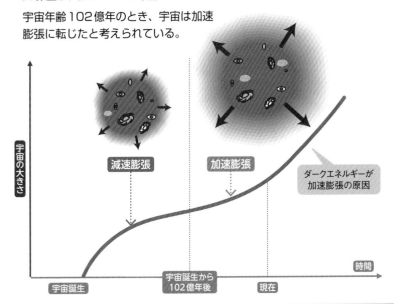

宇宙の大きさ

減速膨張

加速膨張

ダークエネルギーが加速膨張の原因

時間

宇宙誕生

宇宙誕生から102億年後

現在

明日話したくなる 宇宙の話 **4章**

72 宇宙の膨張には
[宇宙論] だれが気づいたの？

なるほど！ 天文学者のルメートルらが、
銀河の光の波長を調べることで発見した！

20世紀のはじめまで、宇宙ははじまりも終わりもなく、その姿や大きさも永遠に変わらないものと考えられていました。

1910年代から、エドウィン・ハッブルなどの天文学者がたくさんの銀河の観測を行い、**遠くの銀河ほど速いスピードで地球から遠ざかっている**という観測結果を得ました。どうしてそれがわかったかというと、銀河から届く光の色を調べたからです。

遠ざかっていく救急車のサイレンの音は、すぐ近くに止まっている救急車のサイレンの音よりも低く聞こえますよね。これは、離れていくときに音の波長が長くなっているからです。これは**「ドップラー効果」**という現象で、実は光にもあてはまります。**遠ざかっていく銀河の光の波長は長くなり、赤っぽくなる**（**赤方偏移**という）のです。このことから、遠くの銀河ほど、速いスピードで遠ざかっていることがわかったのです〔**右図**〕。

この発見により、宇宙は永遠不変のものではなく、膨張しつつあることが示されました。さらに、過去にさかのぼれば、宇宙全体が一点に集まっていたという**ビッグバン理論の確立**にもつながったのです。観測データから、宇宙の膨張を導き出したのは、ベルギーの天文学者ジョルジュ・ルメートルが最初とされています。

音と同様、光もドップラー効果を起こす

▶ 波長とドップラー効果

音は空気の振動が波として伝わるもので、遠ざかる物体から届く音は波長が長くなる。光も同様で、遠ざかる物体から届く光の波長は長くなる。

可視光について 私たちの目で感じる光の中で、赤が一番波長が長く、赤、橙、黄、緑、青、藍、紫の順で波長は短くなる。

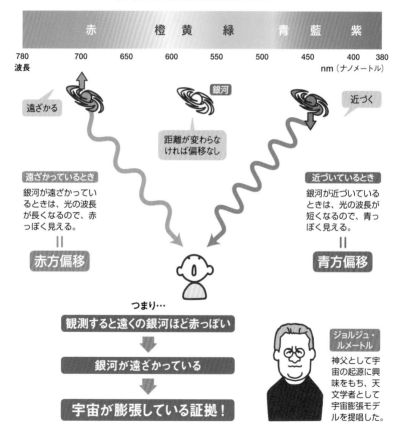

遠ざかっているとき
銀河が遠ざかっているときは、光の波長が長くなるので、赤っぽく見える。
＝
赤方偏移

近づいているとき
銀河が近づいているときは、光の波長が短くなるので、青っぽく見える。
＝
青方偏移

つまり…

観測すると遠くの銀河ほど赤っぽい

銀河が遠ざかっている

宇宙が膨張している証拠！

ジョルジュ・ルメートル
神父として宇宙の起源に興味をもち、天文学者として宇宙膨張モデルを提唱した。

197

73 宇宙の広がりには
[宇宙論] 濃淡がある?

なるほど! 宇宙は、**たくさんの泡**が集まったような、
密度の濃淡がはっきりした構造をしている!

　宇宙は、想像を絶する大きさです。そんな広大な宇宙ですが、どのような構造になっているのかは、おおよそわかっているといいます。宇宙には、**銀河がある場所とない場所があり、たくさんの泡が集まったような複雑な分布**をしています。泡の空気の入ったような、銀河のない部分を「**ヴォイド**」と呼び、そのまわりの線のような部分「**フィラメント**」などに銀河が集まっています。このようにふかんで見た宇宙の構造を、「**宇宙の大規模構造**」と呼びます〔**右図**〕。

　いったいどうしてこのような構造になったのでしょうか?

　宇宙誕生から約37万年後の宇宙の晴れ上がりのあと、宇宙全体の物質の密度はほぼ均一でしたが、0.1%ほどの**密度の濃淡**がありました。密度が濃い空間は引力によってまわりの物質を少しずつ引き寄せ、密度が薄い空間はより薄くなっていきました。**その差が時間とともに大きくなり、泡のような構造となった**のです。

　この宇宙には**ダークマター**という未知の物質がたくさんあります。ダークマターが多い場所は、ほかの場所よりも重力が大きくなり、星ができやすくなります。そして、たくさんの星ができて集まることで銀河となり、たくさんの銀河ができて集まることで銀河団となり…というように、網目のように宇宙の構造が成長してきたのです。

ダークマターが銀河同士をつなげている

▶宇宙の大規模構造とは？

宇宙は泡のような、網目状の複雑な構造をしている。

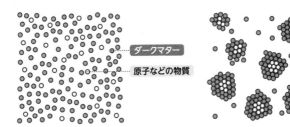

ダークマター

原子などの物質

1 宇宙誕生時、宇宙全体の密度は均一な状態だった。

2 時間が経つにつれ、ダークマターの重力によって宇宙の密度に濃淡ができてくる。

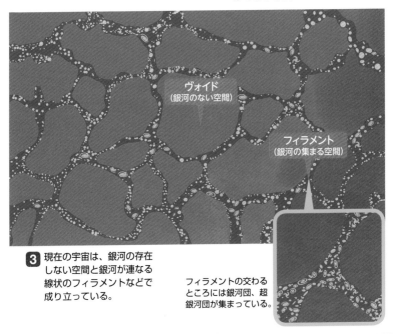

ヴォイド
(銀河のない空間)

フィラメント
(銀河の集まる空間)

3 現在の宇宙は、銀河の存在しない空間と銀河が連なる線状のフィラメントなどで成り立っている。

フィラメントの交わるところには銀河団、超銀河団が集まっている。

Q 地球は、宇宙をどのくらいの 速さで動いている？

秒速30km ＞ or ＞ 秒速230km ＞ or ＞ 秒速600km

私たちが地球上で止まっていても、地球は自転しているため、宇宙から見れば、私たちは高速移動しているように見えます。加えて地球は太陽のまわりを公転しています。いったい地球は、宇宙をどのくらいの速度で進んでいるのでしょうか？

ビューン

速っ!?

地球はすごいスピードで回っているはずなのに、なぜ私たちはその自転速度を実感できないのでしょうか？　地球のスピードを確かめる前に、まずこの疑問を解消しましょう。

　これは**地球がほぼ一定速度で自転し、私たちのまわりの物体もすべて同じ速度で運動している**からです。地球が急停止でもしない限

り、地球の運動にはまったく気づかずに生活できるのです〔**下図**〕。
ちなみに地球の自転速度は緯度によって異なり、日本付近は秒速約
370ｍで、音速よりも早いスピードです。

　さて、地球は自転のほか、太陽のまわりを公転しています。この
公転スピードは秒速約30kmとなります。

　太陽や地球を含む太陽系も、天の川銀河の中心を回っています。
これは**秒速約230km**のスピードで、太陽系は約2億年で銀河系
を1周するのです。

自転を実感できない理由 地球と人間に「慣性」がはたらくため、人は実際の地球の運動には気づかない。

1 電車内の人は電車と同じ速度で移動するが、速度は実感できない。

慣性とは?

運動の力を保とうとする性質。外からの力を受けなければ、物体は静止または動き続ける。

グレートアトラクター

地球

天の川銀河

2 **1**同様すべての天体に慣性がはたらくため、外から力を受けない限り人は天体運動に気づかない。

　さらに、太陽系を含む天の川銀河も、何らかの力で引っ張られてい
ます。そのスピードはなんと**秒速約600km**！　天の川銀河から1億
5,000万光年離れたグレートアトラクターと呼ばれる高密度な領域
に引っ張られているという説が有力です。つまり、地球は宇宙空間を
秒速約600km、地球から38万km離れた月まで10分程度で行ける
速度で引っ張られているのです。

明日話したくなる 宇宙の話 **4**章

74
[人工天体]

宇宙にも地球と同じで「ゴミ問題」がある？

なるほど！ 宇宙ゴミはおよそ**1億個**を超える。**小さな破片でも大きな破壊力**になる！

　地球で深刻な「ゴミ問題」。実は、宇宙でもゴミ問題は深刻です。地球周囲の宇宙空間に散らばる、寿命を終えた人工衛星やロケット、それらがこわれてできた部品や塗料のかけらなどを**スペースデブリ（宇宙ゴミ）**といいます。JAXAによると、10cm以上のデブリが約2万個、1cm以上は50〜70万個、1mm以上は1億個を超えるといいます〔**図1**〕。人工衛星もデブリも、低軌道では**秒速約8km**（時速2万8000km）という高速で地球を周回しているため、**衝突すると小さな破片のようなものでも大きな破壊力**をもちます。そのため、大きな事故になる可能性があるのです。

　各国は地上のレーダーや望遠鏡でデブリを監視しています。人工衛星や宇宙ステーションは、地上から監視されているデブリと衝突しそうなときは、軌道を変えて衝突を未然に防いでいます。地上から見つけられない小さなデブリは、宇宙ステーションに本体を**保護するバンパー**をつけたり、人工衛星の重要な部分を**防護シールド**でおおうなどしたりして対策しています。

　デブリを捕まえる衛星の開発も、各国で行われています。2025年には、ロボットアームを備えた衛星がデブリをキャッチし、大気圏に突入して燃やす実験を予定しています〔**図2**〕。

宇宙ゴミを捕まえる人工衛星も開発中

▶ 地球を取り巻く スペースデブリ〔図1〕

地上から見つけられるのは10cm以上の大きなものに限られる。1mm以上のものは1億個以上あると見積もられている。

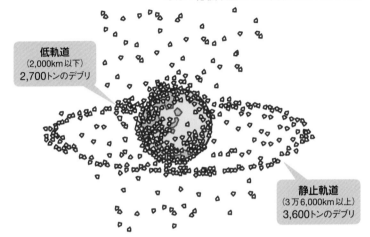

低軌道
（2,000km以下）
2,700トンのデブリ

静止軌道
（3万6,000km以上）
3,600トンのデブリ

▶ デブリを捕まえる衛星の実験〔図2〕

欧州宇宙機関（ESA）が2025年に予定しているミッション「ClearSpace-1」では、標的とされるデブリをキャッチして大気圏に突入し、衛星ごと燃やしてしまう。

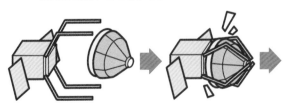

1 高度720kmで高速で周回するデブリを追跡・捕捉する。

2 4つのロボットアームでデブリを捕まえる。

3 デブリを捕まえたまま大気圏に突入し燃やす。

75
[星]
星の名前は
どうやって決まる？

**なる
ほど！** 星の命名はIAUが管理している。
発見者が名づけできる天体も！

　夜空に輝く星々にはベガ、おりひめ星、アイソン彗星などの名前
があります。これらの名前はいったい誰がつけたのでしょうか？

　現在、星の名前は**IAU（国際天文学連合）**が命名し、名前リスト
を管理しています。世界中の人々がどの星を観察・研究しているの
か、名前を標準化してわかるようにするためです。

　ベガやシリウスなど、人間は紀元前から明るい星々に**固有名**をつ
けてきました。IAUでは、**古くから使われてきた星の固有名は生か
し**つつ、大部分の恒星にHR7001など**英数字の名前**をつけていま
す〔**図1**〕。ケプラー宇宙望遠鏡などで発見された新しい恒星や惑星
は、HD145457（恒星名）とHD145457b（それを公転する惑
星）のように、規則性のある英数字で命名されます。また、IAU
が名前を公募することもあります。

　恒星以外の天体は、また違ったルールで名づけられます〔**図2**〕。
彗星には、発見した人の名前がつけられます。それぞれ独自に発見
した場合、早い順に3名までの名前がつき、例えばヘール・ボップ
彗星の名前は、発見者のヘール氏とボップ氏によります。

　小惑星の場合はその軌道が確認されたのち、いくつか条件はあり
ますが、**発見者に名前を提案する権利**が与えられます。

恒星の名前は <u>ひとつではない!</u>

▶ 恒星の名前の種類 〔図1〕 ベガを例に名前の違いを見てみよう。

名前の例	名前の種類	名前の特徴
ベガ	固有名	アラビア語などに由来する、古くから使われてきた伝統的な名前。ベガは「急降下するワシ」を意味する。
こと座α星	バイエル名	星座ごとに、明るさの順にギリシャ文字をつける命名法。ギリシャ文字で足りない場合はアルファベットを使う。
こと座3番星	フラムスティード番号	星座ごとに、西から順に通し番号をつける命名法。イギリスから見える52星座の星々につけられている。
HIP 91262	星表番号 (HIP番号)	天体カタログ「ヒッパルコス星表」でつけられた星の識別番号。
HD 172167	星表番号 (HD番号)	天体カタログ「ヘンリー・ドレイパー星表」でつけられた星の識別番号。
おりひめ星	星の和名	日本で伝統的に使われてきた星の名前。ベガは七夕伝説の織姫に見立てられていた。

▶ 彗星と小惑星の命名〔図2〕

彗星の命名

彗星は発見者の名前（個人、観測チームなど）がつけられる。

「池谷・関彗星」 「アイソン彗星」

池谷氏と関氏が見つけたため

発見者の所属組織の略称から

小惑星の命名

小惑星は、発見者に以下の条件などを満たした名前の提案が許される。

❶なるべく一語
❷アルファベットで4〜16字
❸不快な名前でないこと…など

北極星は絶対に真北から動かない？

なるほど！ 北極星はそもそも「真北」にはなく、その時代によって移り変わるもの！

　北極星は常に真北にある星で、方角を知る目印となる…とは、よくいわれる話ですよね。北極星は地球の地軸の延長線上（天の北極）にあるため、真北からほとんど動かないように見えます。夜空の星も北極星を中心に円運動をしているように見えますが、実際にはこれらの動きは地球の自転によるものです。

　ところで、北極星は将来も真北にあり続けるのでしょうか？

　まず、実は現在の北極星も、天の北極からほんの少し外れていて厳密には**真北に位置しません**。よく観察すると小さく円運動しているのがわかります。加えて、地球の地軸は**首振り運動（歳差運動）**と呼ばれる動きによって、**2万6,000年周期で向きを回転**させることがわかっています〔**図1**〕。

　現在の北極星は**ポラリス**（こぐま座アルファ星）ですが、2,000～3,000年前は**コカブ**（こぐま座ベータ星）、5000年前は**ツバン**（りゅう座アルファ星）でした。その時代ごとに、**天の北極にもっとも近かった星が「北極星」になる**わけです〔**図2**〕。

　今後も天の北極は移動し続け、8,000年後は**デネブ**（はくちょう座アルファ星）、1万2,000年後は**ベガ**（こと座アルファ星）が北極星になるとみられています。

1万2,000年後はベガが北極星になる

▶ 首振り運動で地軸の向きが移動〔図1〕

北極星は、北極を地軸にそって伸ばした先にある。首振り運動により、地球の地軸の向きは変わるため、時間によって北極の向きは変わっていく。

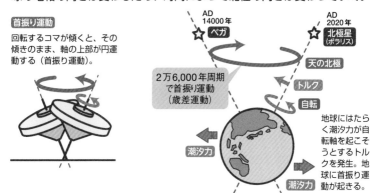

首振り運動

回転するコマが傾くと、その傾きのまま、軸の上部が円運動する（首振り運動）。

AD 14000年 ☆ ベガ

AD 2020年 ☆ 北極星（ポラリス）

天の北極

トルク

自転

2万6,000年周期で首振り運動（歳差運動）

地球にはたらく潮汐力が自転軸を起こそうとするトルクを発生。地球に首振り運動が起きる。

潮汐力

潮汐力

▶ 首振り運動で北極星が移動する〔図2〕

時代によって北極星にあたる星は移り変わっていく。

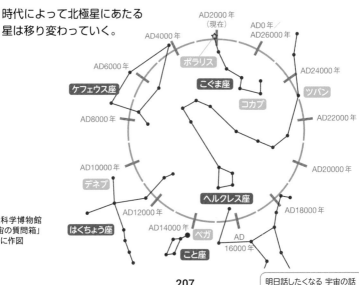

AD2000年（現在）

AD0年／AD26000年

AD4000年

ポラリス

こぐま座

コカブ

AD24000年

ツバン

ケフェウス座

AD6000年

AD22000年

AD8000年

AD20000年

AD10000年

デネブ

ヘルクレス座

AD18000年

AD12000年

AD14000年

ベガ

AD16000年

はくちょう座

こと座

国立科学博物館「宇宙の質問箱」を元に作図

77 ［宇宙論］「量子論」が宇宙の はじまりを解明する？

なる ほど! ミクロの世界を説明するのが量子論。 宇宙のはじまりも、量子論で説明できる！

　量子論というものが、宇宙がどのようにはじまったかを説明する のに重要だと考えられています。量子論とはどのようなもので、ど う宇宙と関連しているのでしょうか？

　1,000万分の1mm以下の、原子より小さな物質の世界を**ミクロ の世界**と呼び、ミクロの世界での電子や光などの動きを説明する理 論を**量子論**と呼びます。**宇宙は、はじまりから10⁻⁴³秒までは、こ のミクロの世界の影響下にあった**と考えられています。量子論から 宇宙がどのようにはじまったのか、説明する説がいくつかあります。

　量子論では、通常の世界では考えられない現象が起こります。例 えば、ふたのない小さな箱に小さな粒子を入れたとします。この場 合、常識的に考えると、粒子を取り出すには、一度粒子を上にもち 上げて取り出すしかありませんが、ミクロの世界では、**粒子は箱の 壁をすり抜けて外へ出てしまう**というのです。この考えを**「量子ト ンネル効果」**といいます。この**量子トンネル効果によって、無の状 態から「宇宙の卵」が生まれた**のではとする説があるのです〔**図1**〕。

　関連した考え方として、**「真空のゆらぎ」**から宇宙が生まれたと する説もあります〔**図2**〕。このように、量子論によって、宇宙のは じまりがどのようであったかの研究が進められているのです。

宇宙は<u>ミクロの世界</u>から生まれた?

▶ 量子トンネル効果で宇宙は生まれた? 〔図1〕

小さな箱に小さな粒子を入れると、その粒子が一定の確率で自然と外へ出てしまう現象「量子トンネル効果」。この現象と同様に、乗り越えられない壁があるにもかかわらず、宇宙の卵が外に出てきた、という説がある。

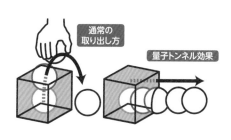

通常、箱内のボールは手でもち上げて取り出すが、ミクロ世界では一定の確率で自然に外へ出てしまう。

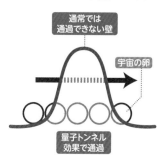

非常にまれだが、通常では通過できない壁を通り抜けて、宇宙の卵が現れた。

▶ 「真空のゆらぎ」が宇宙をつくる? 〔図2〕

量子論では、真空は何もない空間ではなく、あらゆる粒子が仮想的にできたり消えたりしている空間であり、これを「真空のゆらぎ」と呼ぶ。この現象と同様に、宇宙も量子的なゆらぎから生まれたという説がある。

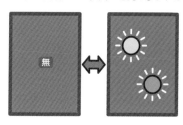

真空のゆらぎにより、ミクロ世界の粒子は仮想的にできたり消えたりをくり返す。

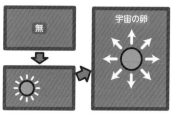

ゆらぎとして生まれた宇宙がある確率で有から無に戻らず、宇宙の卵が現れた。

78 誕生月の星座占いと、実際の星座はどんな関係?

[星座]

誕生月のとき、**太陽の方向にある星座**が誕生月とされるが、現代は**少しずれている**!

　星占いの星座は、人の生まれ月と結びつけられています。どうして星座と生まれ月が関係あるのでしょうか?

　地球は、1年かけて太陽のまわりを回っています。そのため地球からは、太陽のある方向にある星座が月ごとに移り変わっていきます。この変化をまとめると、太陽が1年かけて12の星座の中をひと回りするように見えます。**このときの太陽の見かけ上の通り道を「黄道」といいます。**そして、**太陽がその中を通っていく12個の星座は、黄道十二星座(黄道十二宮)**と呼ばれています。

　およそ5,000年前、古代メソポタミアで星座が考え出されたころ、4月に太陽のある方向にはおひつじ座がありました。夜に見える星座ではなく、昼間、見えないけれど太陽の方向におひつじ座が位置していたのです。5月には、おうし座がありました〔**右図**〕。

　それで、4月(3月21日〜4月20日)生まれの人の星座はおひつじ座、5月(4月21日〜5月20日)生まれの人はおうし座…とされたのです。

　しかし、地球の**首振り運動**(➡P206)のため、黄道上の星座の位置は少しずつずれます。現在は4月の太陽の方向にうお座、5月におひつじ座があり、**ひとつずつ星座がずれてしまっている**のです。

4月、太陽の方向におひつじ座があった

▶ 誕生月と星座の関係

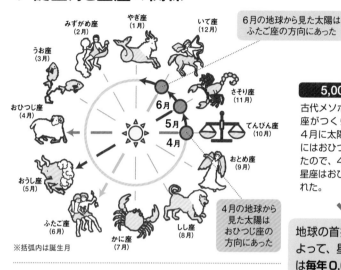

6月の地球から見た太陽は
ふたご座の方向にあった

4月の地球から
見た太陽は
おひつじ座の
方向にあった

※括弧内は誕生月

みずがめ座
（2月）
やぎ座
（1月）
いて座
（12月）
うお座
（3月）
さそり座
（11月）
おひつじ座
（4月）
てんびん座
（10月）
おうし座
（5月）
おとめ座
（9月）
ふたご座
（6月）
かに座
（7月）
しし座
（8月）

5,000年前
古代メソポタミアで星座がつくられたころ、4月に太陽のある方向にはおひつじ座があったので、4月生まれの星座はおひつじ座とされた。

⬇

地球の首振り運動によって、星座の位置は**毎年0.014°ずつ、約72年で1°ずつ西へ移動する。**

⬇

西暦2020年
現在、4月の太陽のある方向にはおひつじ座ではなくうお座があり、ほかの誕生月も約5,000年前の星座と合わなくなっている。

現在6月の地球
から見た太陽は
おうし座の方向に

現在4月の地球から見た
太陽はうお座の方向にある

みずがめ座
やぎ座
いて座
うお座
さそり座
おひつじ座
てんびん座
おうし座
おとめ座
ふたご座
かに座
しし座

79 宇宙で飛び交う宇宙線は、地上でも見られる？

[宇宙]

なるほど！ 宇宙線は高エネルギーの放射線。
地表に届くのは無害な二次宇宙線！

宇宙空間を、光に近い高速で飛び交う宇宙線というものがあります。この宇宙線、実は地上で軌跡を見ることができるものなのです。

まず、宇宙線が何かというと、**高いエネルギーをもった放射線**です。宇宙線のほとんどは、太陽系の外を起源とする「**銀河宇宙線**」で、超新星爆発などによって飛んできたと考えられています。

宇宙線も放射線と同じ仲間なので、生物には危険です。ただし、地上は厚い大気の層に守られているので心配はいりません。宇宙を飛び交っている宇宙線を**一次宇宙線**といい、全体の約80％は陽子（水素の原子核）の形で地球に飛んできます。その陽子が地球の大気にあたって反応し、μ粒子や電子などを発生させます。これらを**二次宇宙線**といいます〔**図1**〕。この二次宇宙線が、私たちの頭上に降り注いでいるのです。

宇宙線は放射線なので、目で見ることはできません。しかし、**「霧箱」という装置を使えば、見ることができます**〔**図2**〕。霧箱は、蒸発して気体になったアルコール蒸気をガラスなどの箱にとじこめたもの。ドライアイスなどで冷やすことにより、アルコール蒸気は過飽和（細かい液体の粒に変わりやすい状態）になります。そのとき、箱の中を宇宙線が通ると、宇宙線の飛んだ軌跡として見られます。

霧箱が宇宙線の軌跡を見える化

▶ 一次宇宙線と二次宇宙線 〔図1〕

宇宙を飛び交う陽子などの一次宇宙線が大気にあたって反応し、μ粒子や電子などの二次宇宙線を発生させ、一部は地上にも届く。

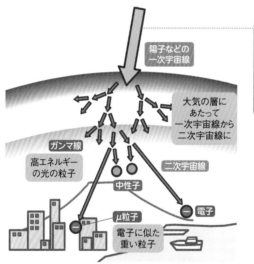

陽子などの
一次宇宙線

大気の層に
あたって
一次宇宙線から
二次宇宙線に

ガンマ線
高エネルギー
の光の粒子

二次宇宙線
中性子
μ粒子
電子に似た
重い粒子
電子

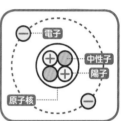

電子
中性子
陽子
原子核

すべての物質は原子からできている。原子は中心に「原子核」、まわりに「電子」がある。原子核は「陽子」と「中性子」で構成され、一次宇宙線はその陽子や電子、原子核の形で飛び交う。

▶ 霧箱で宇宙線の軌跡を見る 〔図2〕

宇宙線

アルコールの蒸気

エタノールの液体など

ドライアイス

アルコールの蒸気を過飽和（細かい液体の粒になりやすい状態）にする。

宇宙線が飛んだ跡に、細かいアルコールの粒が発生し、軌跡を見ることができる。

明日話したくなる 宇宙の話 **4章**

Q 宇宙線は光よりも速くなったりする？

たまに速くなる or それはない or 常に光より速い

宇宙線は高エネルギーの放射線で、宇宙を"光に近い速さ"で飛び交うという話でした（➡P212）。さて、この宇宙線、どれくらい速いものなのでしょうか？　例えば、光よりも速くなったりするのでしょうか？

アインシュタインの特殊相対性理論（➡P188）では、「**光より速く動けるものはない**」といわれています。やはり、宇宙線も、光より速く動けないのでしょうか？

宇宙線の速さを見る指標として、212ページで紹介した銀河宇宙線ではなく、太陽から飛んでくる「**太陽宇宙線**」を見てみましょ

う。太陽の光は、地球まで約**8分20秒**という速さで到達します。対して、太陽宇宙線は、地球まで**1〜2日**かかってしまうそうです。どうしてこんなに遅いのかというと、宇宙線は太陽の磁力線につかまって、直進できないからです。これは銀河宇宙線も同様で、光より約400倍は到達時間が遅くなるといわれています。

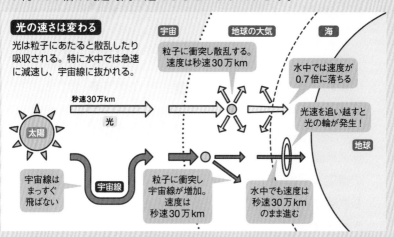

光の速さは変わる

光は粒子にあたると散乱したり吸収される。特に水中では急速に減速し、宇宙線に抜かれる。

宇宙　　地球の大気　　海

秒速30万km
光

粒子に衝突し散乱する。速度は秒速30万km

水中では速度が0.7倍に落ちる

光速を追い越すと光の輪が発生！

太陽

地球

宇宙線はまっすぐ飛ばない

宇宙線

粒子に衝突し宇宙線が増加。速度は秒速30万km

水中でも速度は秒速30万kmのまま進む

この数字を見ると「宇宙線は光より遅い」といえますが、実は、場所によってそうともいい切れないのです。その場所とは、私たちの暮らす「地球上」です。

実は、**大気中では、光は宇宙空間より少し速度が落ちます**。そのため、光より二次宇宙線（➡ P212）の方が速度が速くなるのです。同様に、光は水中でも速度を落とすため、二次宇宙線に追い越されます。地球上では、光よりも宇宙線の方が速いのです。

189ページで紹介した特殊相対性理論の「光より速く動けるものはない」というのは、実は真空中の話なのです。つまり、地球上では勝手が違い、宇宙線は光よりも速くなり得るのです。

明日話したくなる 宇宙の話 **4**章

80
[宇宙探査]

宇宙飛行士になるにはどうしたらいいの？

なるほど！ 不定期に開催される**JAXA選抜試験**を経て、
2年間の訓練を受ける必要がある！

宇宙飛行士になるためには、どうしたらよいのでしょうか？

まず、**宇宙飛行士候補者選抜試験**を受けるのが第一歩です。日本の場合、JAXA（宇宙航空研究開発機構）の選抜試験を受けるには、①自然科学系の大学を卒業　②3年以上の専門分野での仕事経験③英語能力…など条件を満たす必要があります〔**図1**〕。JAXAでの選抜試験は毎年行われず、不定期です。ちなみに、2008年の選抜試験では**応募者963名中3名の候補者**が選ばれました。

候補者になると、JAXAとNASAで**2年ほど勉強と実技の訓練**を受けます。宇宙船やISS（国際宇宙ステーション）の知識、宇宙科学、語学などを勉強し、実技は飛行機操縦、サバイバル訓練など〔**図2**〕。訓練が終われば、晴れて宇宙飛行士に認定されます。

それでは、選抜ではどのような人材が選ばれているのでしょうか？

実は、**求められる人材は、時代とともに変わってきています**。アメリカでは、当初は手さぐりに近い宇宙探査であるために軍人が選ばれ、ISS建設後は、宇宙実験をする科学者やISSを支えるエンジニアなどが選ばれるようになってきています。今後は、医師、芸術家、プログラマーなど、さまざまな専門家に対して門戸が開かれるといわれており、宇宙に行く人が増えると考えられています。

厳しい訓練は脱落者が出ることも

▶JAXAの選抜試験のおもな応募条件〔表1〕

応募条件

● 日本国籍を有すること

● 大学卒業以上であること
（自然科学系：理学部、工学部、医学部、歯学部、薬学部、農学部等）

● 自然科学系分野における3年以上の実務経験

● 訓練や宇宙飛行に円滑・柔軟に対応できる能力

● 訓練に必要な泳力があること

● 円滑に意思疎通できる英語能力があること

● 訓練、長期滞在に適応できる心と体をもつこと

※2008年に行われた選抜試験の応募要項から引用。

▶選抜後の訓練〔図2〕

宇宙飛行士候補者の訓練内容は、おもに4課程からなる。

基礎知識の学習

ロケットや宇宙で使用する機械の訓練、それらを運用するために必要な工学の知識などを学ぶ。

宇宙実験の訓練

ISSで行われる宇宙実験や観測の訓練と実習、それらに必要な知識を学ぶ。

ISSの訓練

訓練用設備を用いて、ISSの操作訓練と実習。特に日本実験棟きぼうの訓練は入念に行う。

基礎能力訓練

英語とロシア語の訓練、飛行機操縦訓練、サバイバル訓練、宇宙服を着用した船外活動訓練、低圧・減圧を体験などを行う。

飛行機操縦訓練

サバイバル訓練

船外活動訓練

民間人が宇宙旅行に行く方法はある?

 なるほど! 弾道飛行、ISS滞在、月周回旅行など
いくつかの**宇宙旅行**が計画されている!

　将来、一般人でも気軽に宇宙旅行に行けるようになるでしょうか? 現在、計画されている宇宙旅行をいくつか紹介します。

　「弾道飛行」は、宇宙の入口である高度100kmまで宇宙船で上がり、**5分間ほど無重力を体験できる旅行**です。重力からの開放感を得られ、船外に丸い地球も見られるでしょう。いくつかの旅行会社が試験飛行中で、乗客を乗せた高度80kmの飛行は成功しました。

　国際宇宙ステーション(ISS)への滞在も可能になるでしょう。ISSは、**民間宇宙飛行士を最大30日間受け入れる用意**をはじめました。無重力状態での衣食住を体験し、高度400kmから地球を眺めることができます。すでに何人かの実業家は、実際にISSを訪れています。

　月への旅行も計画されています。片道3日間をかけて月に接近し、着陸こそしませんが、**裏側も含めて月を至近距離から眺め、地球に戻ってくる旅程**です。この旅行では、おそらく月の地平から昇る地球の姿も見られるでしょう。現在、2023年の出発を目指して、宇宙船のテスト飛行をくり返しています。

　ちなみに宇宙旅行では、急激な速度変化、宇宙酔いが起こるため、事前にトレーニングや健康診断が行われます。

無重力体験と宇宙からの眺めがポイント

▶ さまざまな宇宙旅行の計画

弾道飛行で宇宙へ

航空機で上空まで運ばれ、切り離されて宇宙に向かう。費用は2,500万円ほど。

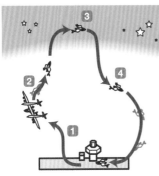

1 高度1万5,000mまで運ぶ
2 ロケットに点火
3 高度100km地点で5分間の無重力体験
4 重力で地球へ

国際宇宙ステーションに滞在

ソユーズや民間宇宙船でISSまで24時間ほど。運賃50億円以上と見積もられる。

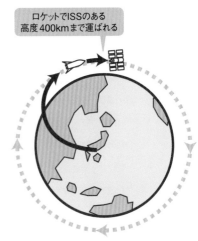

ロケットでISSのある高度400kmまで運ばれる

月への観光

軌道上でブースターロケットをつけて月に向かう。費用は約100億円。

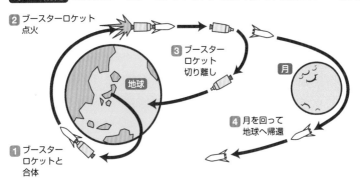

2 ブースターロケット点火
3 ブースターロケット切り離し
4 月を回って地球へ帰還
地球
月
1 ブースターロケットと合体

世界の常識を変えた 宇宙に関する 発見の歴史

紀元前**3100**頃 古代エジプトで**太陽暦**を使用

紀元前**3000**頃 古代メソポタミアで**星座**がつくられる（➡P210）

紀元前**2900**頃 古代メソポタミアで**太陰暦**を使用

紀元前**270**頃 エラトステネス（ギリシア）が**地球の大きさを計測**

紀元前**150** ヒッパルコス（ギリシア）が**歳差**を発見（➡P206）

紀元前**129** 46星座を決めた星の目録『**ヒッパルコス星表**』を発表

紀元前**45** 古代ローマで**ユリウス暦**（太陽暦・グレゴリオ暦の基）を導入

150 プトレマイオス（ギリシア）、**天動説モデル**を発表

1543 コペルニクス（ポーランド）、**地動説**を提唱（➡P70）

1572 ティコ（デンマーク）、**超新星**を詳しく観測（➡P40）

1582 ローマ帝国、**グレゴリオ暦**（現在多くの国で用いる暦）を導入

1603 世界初の全天星図『**バイエル星図**』を出版

1608 リッペルハイ（オランダ）、**望遠鏡**を発明

1609 ガリレイ（イタリア）、**望遠鏡で月面を観測**

ケプラー（ドイツ）、**惑星運動の法則**を発表（➡P154）

1655 ホイヘンス（オランダ）、**土星の環と衛星タイタン**を発見

1668 ニュートン（イギリス）、**ニュートン式反射望遠鏡**を発明

1687 ニュートン、**万有引力の法則**を発表（➡P24）

1705 ハレー（イギリス）、**周期彗星**を発見

1781 ハーシェル（イギリス）、**天王星**を発見（➡P138）

1785 ハーシェル、**天の川銀河**（宇宙）**の形と大きさ**をモデル化

1801 ピアッジ（イタリア）、**小惑星ケレス**の発見（➡P132）

1846	ガレ（ドイツ）など、**海王星を発見**（➡ P138）
1851	フーコー（フランス）、**地球が自転**していることを証明
1905	アインシュタイン（ドイツ）、**特殊相対性理論**を発表（➡ P188）
1911	ヘス（オーストリア）、**宇宙線を発見**（➡ P212）
1915	アインシュタイン、**一般相対性理論**を発表（➡ P188）
1927〜	ルメートル（ベルギー）・ハッブル（アメリカ）、**宇宙の膨張に関する法則を発見**（➡ P196）
1930	トンボー（アメリカ）、**冥王星を発見**（➡ P140）
1931	ジャンスキー（アメリカ）、**宇宙からの電波を発見**（➡ P156）
1946	ガモフ（ロシア）、**ビッグバン宇宙モデル**を発表（➡ P62）
1957	ソ連（現ロシア）、人類初の**人工衛星スプートニク1号**を打ち上げ
1965	ペンジアス（アメリカ）など、**宇宙マイクロ波背景放射**の発見
1969	アメリカ、人類初の**月面着陸、有人月探査**を行う（➡ P114）
1971	小田稔など、はくちょう座に**ブラックホール候補天体**を発見
1978	グレゴリー（アメリカ）など、**ヴォイド**と**宇宙の大規模構造**を発見（➡ P198）
1990	アメリカ、**ハッブル宇宙望遠鏡**を打ち上げ
1992	ジューイット（アメリカ）など、**太陽系外縁天体**を発見（➡ P140）
1995	マイヨールとケロー（ともにスイス）、**系外惑星**を発見（➡ P46）
1998	ゲッズ（アメリカ）など、**天の川銀河の中心にブラックホールの証拠**を発見 パールムッター（アメリカ）など、**宇宙の加速膨張**を発見（➡ P194）
2000	日本、**すばる望遠鏡**を運用開始 **国際宇宙ステーション（ISS）**に滞在開始（➡ P166）
2006	国際天文学連合（IAU）、**惑星、準惑星**などの新分類を定義
2013	**アルマ望遠鏡**を運用開始
2015	**宇宙からの重力波**の観測に成功（➡ P190）
2019	電波望遠鏡で**ブラックホールの撮影**に成功

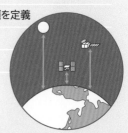

さくいん

な・は

ま

ら・わ

参考文献

『理科年表 2020』国立天文台（丸善出版）
『宇宙の誕生と終焉』松原隆彦（SBクリエイティブ）
『現代の天文学9 太陽系と惑星』渡部潤一・井田茂・佐々木晶（日本評論社）
『学研の図鑑LIVE 宇宙』吉川真・縣秀彦監修（学研プラス）
『ニューワイド学研の図鑑 地球・気象』猪郷久義・饒村曜監修（学研プラス）
『ニューワイド学研の図鑑 宇宙』吉川真監修（学研プラス）
『図解入門 最新地球史がよくわかる本』川上紳一・東條文治（秀和システム）
『眠れなくなるほど面白い 図解 宇宙の話』渡部潤一監修（日本文芸社）
『カラー版徹底図解 宇宙のしくみ』（新星出版社）
『宇宙用語図鑑』二間瀬敏史（マガジンハウス）
『絵でわかる宇宙地球科学』寺田健太郎（講談社）
『現代物理学が描く宇宙論』真貝寿明（共立出版）
『Newton別冊 数学でわかる宇宙』祖父江義明（ニュートンプレス）
『Newton別冊 宇宙大図鑑200』（ニュートンプレス）
『Newton別冊 銀河のすべて 増補第2版』（ニュートンプレス）
『星座図鑑』藤井旭（河出書房新社）
『ダークマターと恐竜絶滅』リサ・ランドール（NHK出版）
『宇宙のつくり方』ベン・ギリランド（丸善出版）
天文学辞典（http://astro-dic.jp/）
宇宙情報センター（http://spaceinfo.jaxa.jp/）
NASA Solar System Exploration（https://solarsystem.nasa.gov/）
国立天文台（https://www.nao.ac.jp/）
国立科学博物館 宇宙の質問箱
（https://www.kahaku.go.jp/exhibitions/vm/resource/tenmon/space/index.html）

監修者 **松原隆彦**（まつばら たかひこ）

高エネルギー加速器研究機構 素粒子原子核研究所・教授、総合研究大学院大学 高エネルギー加速器科学研究科 素粒子原子核専攻・教授。博士（理学）。専門分野は宇宙論。日本天文学会第17回林忠四郎賞受賞。おもな著書は『宇宙は無限か有限か』（光文社）、『文系でもよくわかる世界の仕組みを物理学で知る』（山と渓谷社）、『私たちは時空を超えられるか ─最新理論が導く宇宙の果て、未来と過去への旅』（SBクリエイティブ）など多数。

執筆協力　　　　　上浪春海、入澤宣幸
イラスト　　　　　桔川 伸、堀口順一朗、北嶋京輔、栗生ゑゐこ
デザイン・DTP　　佐々木容子（カラノキデザイン制作室）
校閲　　　　　　　荒舩良孝、西進社
編集協力　　　　　堀内直哉

イラスト&図解 知識ゼロでも楽しく読める！
宇宙のしくみ

2020年11月10日発行　第1版
2024年 3 月25日発行　第1版　第6刷

監修者　　松原隆彦
発行者　　若松和紀
発行所　　**株式会社 西東社**
　　　　　〒113-0034　東京都文京区湯島2-3-13
　　　　　https://www.seitosha.co.jp/
　　　　　電話　03-5800-3120（代）
※本書に記載のない内容のご質問や著者等の連絡先につきましては、お答えできかねます。

ISBN 978-4-7916-2944-2